土壤污染风险管控和修复工程效果评估技术方法和案例研究

呼红霞　丁贞玉　姜春歌　刘锋平　孙　宁　等　著

中国环境出版集团・北京

图书在版编目（CIP）数据

土壤污染风险管控和修复工程效果评估技术方法和案例研究 / 呼红霞等著. -- 北京 : 中国环境出版集团, 2025. 9. -- ISBN 978-7-5111-6381-3

Ⅰ. X53

中国国家版本馆 CIP 数据核字第 2025FC4947 号

策划编辑 葛　莉
责任编辑 史雯雅
封面设计 彭　杉

出版发行 中国环境出版集团
（100062　北京市东城区广渠门内大街 16 号）
网　　址：http://www.cesp.com.cn
电子邮箱：bjgl@cesp.com.cn
联系电话：010-67112765（编辑管理部）
010-67113412（第二分社）
发行热线：010-67125803，010-67113405（传真）

印　　刷 北京建宏印刷有限公司
经　　销 各地新华书店
版　　次 2025 年 9 月第 1 版
印　　次 2025 年 9 月第 1 次印刷
开　　本 787×1092　1/16
印　　张 10
字　　数 190 千字
定　　价 78.00 元

《土壤污染风险管控和修复工程效果评估技术方法和案例研究》著作委员会

主　任　呼红霞

副主任　丁贞玉　姜春歌　刘锋平　孙　宁

委　员　郑红光　丁爱中　郑燚楠　常玉虎　卢琼琼

前　言

由于城市化发展与产业结构升级调整，我国工业企业关停或搬迁遗留的（疑似）污染地块超过 50 万块，存在较大的潜在环境风险，引发了社会的高度关注。“十三五”期间，我国开始实行建设用地土壤污染风险管控和修复名录（以下简称名录）制度，纳入名录内的污染地块通过修复治理或风险管控后，应通过省级生态环境部门和自然资源部门联合组织的效果评估评审，达到土壤污染风险评估报告确定的风险管控和修复目标且可以安全利用后才可以被移出名录，从而进入土地的再开发利用阶段。效果评估工作在污染地块全过程管理中发挥着举足轻重的作用。随着我国污染防治攻坚战走向深入，土壤修复行业向纵深发展，《中华人民共和国土壤污染防治法》自 2019 年 1 月 1 日起实施后，截至 2022 年 5 月 2 日，除西藏及港澳台地区外，全国公示的名录中污染地块有 1 356 块，累计面积达 7 725.2 hm^2。

为了确保人民群众“住得安心”，生态环境部于 2018 年 12 月 29 日和 2019 年 6 月 18 日分别发布了《污染地块风险管控与土壤修复效果评估技术导则（试行）》(HJ 25.5—2018，简称《效果评估技术导则》）和《污染地块地下水修复和风险管控技术导则》(HJ 25.6—2019)。《效果评估技术导则》明确了污染地块效果评估的工作内容、工作程序，是指导污染地块退出名录的直接依据。总体上，名录制度与《效果评估技术导则》是具体项目执行过程中的主要抓手。本书从土壤污染风险管控与修复概述、效果评估技术方法、效果评估典型案例研究以及展望与建议等 4 部分进行详细梳理，以期为我国污染地块安全开发利用提供一定的支撑作用。

由于作者水平和时间有限，书中难免存在不妥和不足之处，敬请专家和广大读者批评指正！对本书内容若有任何意见和建议，可与本书作者联系！邮箱：huhx@caep.org.cn。

作　者

2025 年 7 月

目　录

第一部分　概　述

1　土壤污染风险管控与修复概述　/ 2

1.1　土壤污染的定义及特点　/ 2

1.2　风险管控与修复的基本框架　/ 3

1.3　我国土壤污染管理及政策　/ 10

1.4　基于名录分析我国污染地块基本特征　/ 13

2　效果评估的依据以及定位　/ 20

2.1　效果评估依据　/ 20

2.2　国家和地方相关技术规范　/ 20

2.3　效果评估工作定位　/ 23

2.4　效果评估工作程序　/ 23

2.5　效果评估的责任主体　/ 25

2.6　效果评估报告编制大纲　/ 25

第二部分　效果评估技术方法

3　更新地块概念模型　/ 28

3.1　资料回顾　/ 28

3.2　现场踏勘　/ 29

3.3　人员访谈　/ 29

3.4 更新地块概念模型 / 30

4 效果评估技术方法 / 31

4.1 效果评估对象 / 31

4.2 效果评估布点方法 / 32

4.3 评估标准和评估方法 / 42

4.4 实际操作中常见问题 / 46

5 后期环境管理 / 51

5.1 后期环境管理对象 / 51

5.2 工作流程与措施 / 52

5.3 长期监测 / 53

5.4 运行维护 / 58

5.5 制度控制 / 59

5.6 回顾性评估 / 59

5.7 后期环境管理的终止 / 60

第三部分 典型案例研究

6 西北某铬污染场地效果评估案例研究 / 62

6.1 场地概况 / 62

6.2 修复施工过程 / 64

6.3 更新地块概念模型 / 65

6.4 效果评估 / 67

6.5 结论与建议 / 87

7 南方某重金属和有机复合污染地块异位修复效果评估案例研究 / 89

7.1 场地概况 / 89

7.2 修复施工过程 / 95
7.3 更新地块概念模型 / 96
7.4 效果评估 / 98
7.5 结论与建议 / 122

8 某金矿尾矿库环境提升工程效果评估案例研究 / 123
8.1 尾矿库概况 / 123
8.2 修复施工过程 / 131
8.3 更新地块概念模型 / 132
8.4 效果评估 / 134
8.5 结论与建议 / 138

第四部分 展望与建议

9 技术创新与发展趋势 / 142
9.1 绿色可持续修复技术将进一步推广 / 142
9.2 AI 智慧决策平台助力效果评估 / 142

10 进一步加强污染地块风险监督管理的建议 / 144
10.1 加强污染地块全过程监督管理 / 144
10.2 推进管理创新，探索更灵活的管理模式 / 145
10.3 加快提高从业人员素质，积极推动土壤污染修复市场环境更加规范有序 / 145
10.4 积极探索开展地下水修复和风险管控效果评估分阶段实施和分阶段退出的试点工作 / 146
10.5 重视更新概念模型，鼓励“后风险评估” / 146
10.6 加强科研投入，推进分行业、分技术制定土壤环境管理技术规范 / 147

参考文献 / 148

第一部分

概　述

1 土壤污染风险管控与修复概述

1.1 土壤污染的定义及特点

1.1.1 定义

土壤是位于陆地表层的疏松多孔物质层及其相关自然地理要素的综合体，由矿物质、有机质、水、空气及生物有机体等组成。土壤的主要功能包括提供植物生长的场所和植物生长必需的养分；提供各种动植物及微生物的生存空间；具有环境净化的作用；作为建筑物的基础，提供工程材料等。

根据《中华人民共和国土壤污染防治法》，土壤污染“是指人为因素导致某种物质进入陆地表层土壤，引起土壤化学、物理、生物等方面特性的改变，影响土壤功能和有效利用，危害公众健康或者破坏生态环境的现象”。由此可见，从法律角度判断土壤是否被污染，有两个必要条件：第一，土壤污染是人为因素（包括工业生产、农业生产、服务业生产及社会日常生活等活动）导致的。土壤高重金属含量仅源于自然地质背景的，不属于土壤污染。第二，污染物造成了土壤功能的损失，影响土地利用，对人体健康或者生态环境产生危害。例如，如果农用地受到重金属污染，产出的特定农产品重金属含量超标，土地就失去了产出合格农产品的功能，因此必须采取安全利用或严格管控措施，不能再作为正常农用地利用；建设用地土壤污染物含量过高，在其上直接开发住宅可能对居民健康造成不良影响，不能发挥承载人居环境的功能，若不经过治理修复或风险管控，就不能直接作为生产生活用地。

1.1.2 污染来源

土壤污染主要是长期累积形成的。农用地土壤污染主要源于水污染（如灌溉用水污染、夹杂污染物的洪水淹没农田形成污染）、大气污染（如大气重金属沉降）、农业污染（如施用重金属含量高的有机肥、畜禽粪便导致的污染）、固体废物污染等。工矿企业用地土壤污染主要源于原辅料和固体废物在厂区内转运中的遗撒、上下料中的无组织排放、贮存中防渗不到位、有毒有害物质跑冒滴漏与事故泄漏、废水处理设施与管网渗漏、危险废物非法堆放与倾倒填埋等。

1.1.3 污染特点

土壤中污染物一般可分为无机污染物和有机污染物。无机污染物有镉、汞、砷等重金属（类金属）污染物，以及氰化物、氟化物等非金属污染物。有机污染物种类繁多，常见的有苯、甲苯、二甲苯、乙苯、三氯乙烯等挥发性有机污染物，以及多环芳烃、多氯联苯、有机农药类等半挥发性有机污染物。

土壤污染具有隐蔽性、累积性、长期性、空间异质性等特点。隐蔽性是指土壤污染通常不像大气污染和水污染一样容易通过视觉、嗅觉进行感官识别，往往需要通过土壤样品检测分析、农作物检测等方法识别判断。累积性是指污染物进入土壤后与大气和水体相比更难迁移、扩散或稀释，容易不断累积。长期性是指由于进入土壤的一些污染物降解缓慢或者难以降解（如重金属），土壤污染一旦发生就很难在短期内自然消除。空间异质性是指污染物在土壤中的空间分布不均匀、变异性大，同一地块内邻近点位以及同一点位不同深度采集的样品中污染物含量均会存在差异，对准确刻画土壤污染的范围和程度提出了挑战。

1.2 风险管控与修复的基本框架

1.2.1 风险管控

“风险管控”主要针对土壤污染风险的暴露途径采取截断措施，或针对风险的受体采取保护措施，不以削减污染源中有害物质的总量为主要目标，是土壤污染防治的特色手段和有效手段，在世界范围内已得到了广泛的应用。对于建设用地而言，风险管控主要是指通过采取隔离、阻断等措施，防止污染进一步扩散；设立标志和标识，划定管控区域，限制人员进入，防止人为扰动；通过用途管制，规避随意开发带来的风险。主要适用于污染物难彻底去除（如深层污染、复合污染），或者修复成本过高的情况。与修复相比，风险管控成本更低。

1.2.2 修复

“修复”是指针对污染土壤主动采用物理、化学、生物等工程技术手段，不可逆地削减有害物质的总量或释放强度，消除或显著降低土壤污染风险的治理活动。修复活动主要的特点包括：一是针对风险三要素中的污染源，如含有大量高浓度污染物的土壤或地下水污染源区；二是采用主动干预的技术手段，包括开挖修复、地下注入药剂等异位、原位实施方式；三是以削减污染源中的有害物质总量或释放强度为目的，如采用热脱附技术从污染土壤中去除高浓度有机污染物，或采用固化/稳定化的方式使重金属污染物形成固化稳定态，降低污染物向地下水的淋滤通量；四是不可逆性，即污染物需要降解或稳定转化为低毒、低迁移性的形态；五是通常需要在较短时间内达到修复目标（对某些污染物的修复，如氯代烃污染地下水的原位生物修复，可能需要多年的时间）。

1.2.3 风险管控与修复技术体系

建设用地土壤污染风险管控与修复技术体系如图 1-1 所示，主要目标是保护人体健康。地下水与土壤的关系紧密，在污染防治工作中往往需要协同考虑，因此地下水污染的风险管控与修复也是土壤污染防治技术体系的重要组成部分，尤其是对于存在地下水污染的建设用地地块。地下水污染和土壤污染往往密不可分，部分风险管控与修复技术为二者通用技术，例如，风险管控技术中的垂向阻隔技术，以及修复技术中的多种原位修复技术等。地下水污染涉及含水层介质，污染物同时影响固液两相。大部分土壤原位修复技术（如原位化学氧化、原位化学还原、原位热脱附等）可同时去除固液两相中的污染物，因此也适用于地下水的修复，达到水土协同修复的效果。

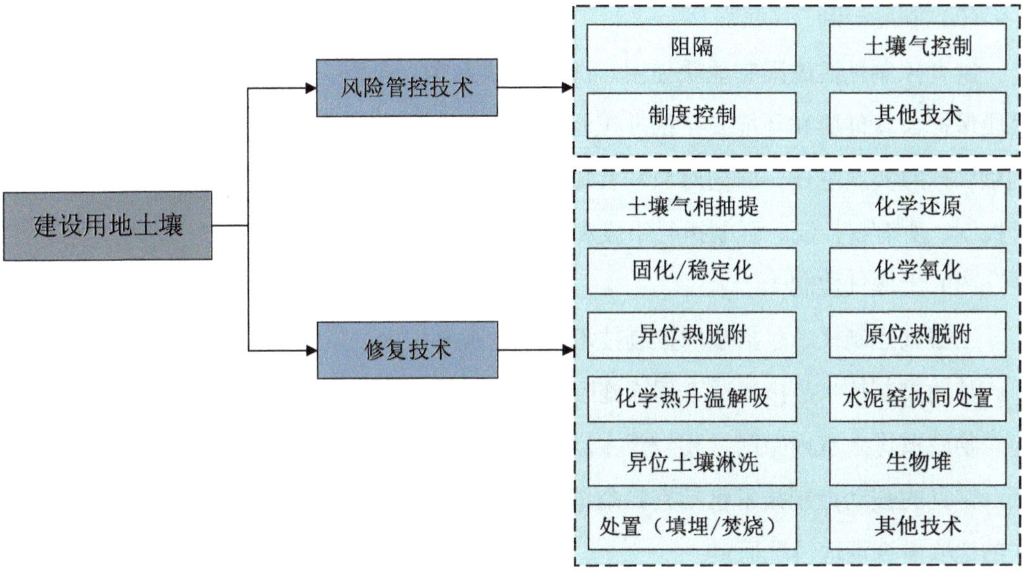

图 1-1 建设用地土壤污染风险管控与修复技术体系

1.2.3.1 风险管控技术

（1）阻隔

阻隔是采取阻隔、堵截、覆盖等工程措施，将污染物封闭于场地内，避免污染物对人体和周围环境造成风险，同时控制污染物随降水或地下水向周围环境迁移扩散的技术措施。阻隔技术仅能限制污染迁移，切断暴露路径，但不能彻底去除污染物，因此永久性阻隔措施需要监测其长期有效性，临时性阻隔措施需要与其他可以去除或减少地块内污染物的修复技术结合使用。阻隔包括竖向阻隔和水平防渗两大类。

竖向防渗屏障作为永久性处置措施已经广泛应用于工业污染场地、矿渣堆场、非正规垃圾填埋场等的管控处置，或作为临时性处置措施与工业污染场地原位修复技术联合应用。竖向阻隔技术利用地层中的隔水层，在污染场地四周设置竖向防渗屏障，将污染物封闭于场地内，防止污染物随地下水向下游地下水和土壤环境迁移，同时阻止周围地下水流入污染场地，减小污染物迁移扩散的可能性。水平防渗技术主要应用于污染深度相对较浅，但隔水层深度较大，利用竖向阻隔成本较高的情况。水平防渗与竖向阻隔联合使用，可以封闭污染地块，防止污染物随地下水向周围迁移扩散。

（2）制度控制

制度控制是通过限制地块使用、改变活动方式、向相关人群发布通知等行政或法律手段保护公众健康和环境安全的非工程措施，是一种重要的地块风险管控措施。制度控制可以按照实施主体、面向对象和实施方式来分类。例如，美国一般将制度控制分为政府控制、所有权控制、强制执行手段和信息手段四类。

（3）土壤气控制

土壤气控制技术包括被动控制技术和主动控制技术。

被动控制技术是指通过工程措施阻隔土壤或地下水中挥发性有机物（VOCs）蒸气从建筑物底板进入室内空间。相较于主动控制技术，被动控制技术施行更加简便，成本更低。常见的被动控制技术包括密封裂缝、安装阻隔屏障及安装被动式通风系统，具体方式的选取需视场地情况而定。

主动控制技术是指通过工程手段使建筑物底板下气压低于建筑物室内气压，从而消除蒸气侵入建筑物室内的驱动力，达到阻断蒸气入侵的目的。常见的主动控制技术包括建筑物底板下抽气降压系统和建筑物室内增压系统等。

1.2.3.2 修复技术

（1）土壤淋洗技术

土壤淋洗技术是指采用物理分离或化学淋洗等手段，通过添加水或合适的淋洗剂，分离重污染土壤组分或使污染物从土壤相转移到液相的技术。按照污染物分离的方式，土壤淋洗可分为物理分离和化学淋洗。本技术不适合于土壤细粒（黏/粉粒）含量高于 50% 的土壤。

物理分离是采用筛分、水力分选及重力浓缩等分离手段，将较大颗粒的土壤组分（砾石、砂粒）同土壤细粒（黏/粉粒）分离。污染物主要集中分布于较小的土壤颗粒上，因此物理分离可以有效地减少污染土壤的处理量，实现减量化。对于分离出的土壤细粒，可根据需要选择稳定化处置或进行化学淋洗处理。

化学淋洗也称增效洗脱，是将含有淋洗剂的溶液与污染土壤混合，通过增溶或络合作用，促进土壤细粒表面污染物向水相的溶解转移，再对含污染物的淋洗废液进行后处理。常用的有机污染物淋洗剂有低毒有机溶剂、表面活性剂等；重金属淋洗剂有无机酸、有机酸和螯合剂等。

土壤淋洗处理系统一般包括土壤预处理单元、物理分离单元、化学淋洗单元、废水处理及回用单元、挥发气体控制单元等。具体场地修复中可选择单独或联合使用物理分离单元和化学淋洗单元。

（2）气相抽提技术

气相抽提技术是指通过抽提系统对目标土壤区域抽真空，迫使非饱和土壤中污染气体发生受控流动，从而将其中的挥发性有机污染物和半挥发性有机污染物脱除的技术。在抽提的同时，也可以设置注气井，向土壤中通入空气，形成加压气流。按照修复区土壤是否开挖，土壤气相抽提技术通常分为原位土壤气相抽提技术和异位土壤气相抽提技术。前者是将抽提井直接布设于非饱和土壤修复区内；后者是将污染土壤挖掘出来，转移到其他场所制成堆体，在土壤堆体中布置抽提井。

土壤气相抽提适用于非饱和带污染土壤的修复。可处理蒸气压＞1 mmHg、无因次亨利常数＞100、水溶解度＜100 mg/L 的挥发性有机物及半挥发性有机物，如苯、甲苯等。土壤气相抽提修复技术的应用还受土壤特性的制约，该技术适用于土壤透气性较好的非饱和带土层。一般要求土壤透气率＞10^{-10} cm^2。

（3）热脱附技术

1）原位热脱附。原位热脱附是通过向地下输入热能，加热土壤及地下水，提高目标污染物的蒸气压及溶解度，促进污染物挥发或溶解，并通过土壤气相抽提或多相抽提实现对目标污染物去除的技术。按照加热方式的不同，原位热脱附通常分为热传导加热、电阻加热及蒸汽加热。

热传导加热是热量利用传导的方式通过加热井传递到污染区域，从而加热土壤和地下水的原位热脱附技术。热传导加热通常包括燃气加热和电加热两种方式。热传导加热温度可达到750～800℃。电阻加热也称电流加热，是将电流通过污染区域，利用电流的热效应加热土壤和地下水的原位热脱附技术。电阻加热的最高温度一般在 100～120℃。蒸汽加热指通过将高温水蒸气注入污染区域，加热土壤和地下水的原位热脱附技术，蒸汽加热的最高温度在 170℃。

原位热脱附适用于处理污染土壤和地下水中的苯系物、石油烃、卤代烃、多氯联苯等挥发性有机物和半挥发性有机物，特别适用于处理高浓度及含有非水相液体的地下介质及低渗透地层。不适用于地下水丰富、流速较快的污染物区域的修复。其中，蒸汽加热不适用于渗透系数较小（＜10^{-4} cm/s）或地层均质性较差的区域。

2）异位热脱附。通过直接或者间接方式对挖掘出来的污染土壤进行加热，通过控制系统温度和物料停留时间，有选择地促使污染物气化挥发，使目标污染物与土壤颗粒分离去除的过程。异位热脱附系统按照加热方式分为直接热脱附和间接热脱附。按照加热目标温度可分为高温热脱附和低温热脱附。直接热脱附是指热源通过直接接触对污染土壤进行加热，使污染物从土壤中挥发的处理过程。间接热脱附是指热源通过介质间接对污染土壤进行加热，使污染物从土壤中挥发去除的处理过程。

异位热脱附适用于处理污染土壤中的挥发性有机物及半挥发性有机物（如石油烃、农药、多环芳烃、多氯联苯）和汞等物质，不适用于无机物污染的土壤（汞除外），也不适用于腐蚀性有机物、活性氧化剂和还原剂含量较高的土壤。污染土壤修复方量较大时，宜采用直接热脱附工艺；修复方量较小时，宜采用间接热脱附工艺；汞污染土壤应采用间接热脱附工艺。

（4）化学氧化/还原技术

化学氧化/还原技术是指向污染土壤或地下水中添加氧化药剂或者还原药剂，通过氧化或还原作用，使土壤或地下水中污染物转化为毒性较低或无毒性物质的修复技术。

化学氧化技术适用于处理污染土壤和地下水中的大部分有机污染物，如石油烃、酚类、苯系物（苯、甲苯、乙苯、二甲苯）、含氯有机溶剂、多环芳烃、甲基叔丁基醚、部分农药等，也可用于部分无机污染物（如氰化物）。不适用于重金属污染土壤的修复。常见的氧化药剂包括高锰酸盐、过氧化氢、（类）芬顿试剂、过硫酸盐和臭氧。对于吸附性强、水溶性差的有机污染物，应考虑必要的增溶、洗脱工序；有机污染物浓度过高时，应考虑经济性与可行性。当氧化过程中会产生高毒性中间产物、副产物或其他值得关注的污染物（如过硫酸盐氧化产生的硫酸根离子）时，应在技术选择及后期效果评估时加以考虑。

化学还原技术主要针对氯代有机物、六价铬、硝基化合物、高氯酸盐等，适用于中低浓度污染土壤或地下水的修复。常见的还原剂包括连二亚硫酸钠、亚硫酸氢钠、硫酸亚铁、多硫化钙、二价铁、零价铁等。此方法在处理氯代有机溶剂的过程中可能产生高毒中间污染物（如氯乙烯），在效果评估时必须进行相应的监测。

按照实施方式的不同，化学氧化/还原技术通常分为原位氧化/还原技术和异位氧化/还原技术。原位氧化/还原技术是通过注药设备在原位将氧化药剂或还原药剂注入土壤或地下水污染区域，使药剂与污染物发生化学作用，从而使土壤或地下水中的污染物转化为毒性较低或无毒性的物质。常见的加药方式有建井注射、直推注射、高压旋喷注射、原位搅拌等。异位氧化/还原技术是将污染土壤清挖转运至异位修复区域，通过修复机械将氧化药剂或还原药剂与污染土壤混合、搅拌，从而使土壤中的污染物转化为毒性较低或无毒性的物质。

（5）固化/稳定化技术

固化/稳定化技术是通过添加固化剂或稳定剂，将土壤中的有毒有害物质固定起来，或者改变有毒有害成分的赋存状态或化学组成形式，阻止其在环境中迁移和扩散，从而减少其危害的修复技术。其中，固化技术是利用惰性材料与土壤混合，使其生成结构完整、具有一定机械强度的块状密实体（固化体），从而将污染土壤中有毒有害成分加以束缚的过程。稳定化技术是利用化学添加剂与土壤混合，改变污染土壤中有毒有害成分的赋存状态或化学组成形式，从而降低其毒性、溶解性和迁移性的过程。主要稳定剂有水泥、氧化镁、聚合物固化剂（聚乙烯、硫聚合物和沥青）；主要添加剂有石灰、磷酸盐材料、活性炭、轮胎碎片、有机改性黏土、硅粉、飞灰、炉渣等。

按照施工过程是否挖掘土壤，固化/稳定化技术可分为原位固化/稳定化技术和异位固化/稳定化技术。原位固化/稳定化技术是通过一定的机械力在原位向污染介质中添加固化剂或稳定剂，在充分混合的基础上，使其与污染介质、污染物发生物理作用、化学作用，将土壤中的有毒有害物质固定起来，或者改变有毒有害成分的赋存状态或化学组成形式，控制其在环境中迁移和扩散。异位固化/稳定化技术是将污染土壤挖掘出并运送至指定施工区域，向污染介质中添加固化剂/稳定剂，使其与污染介质、污染物发生作用。

1.2.3.3 多种技术组合

当前土壤修复工程中，单一技术存在显著局限：物理法难以彻底降解污染物，化学法易导致二次污染，生物法周期长且环境敏感。相较而言，联合修复技术通过多维协同机制展现出显著的污染物长效稳定与生态系统渐进修复优势。以物理化学协同修复体系为例，其集成材料界面调控与形态转化技术，可实现重金属生物有效性抑制与迁移阻控双重目标。化学-生物联合修复技术通过化学转化与生物代谢协同，可同步实现重金属稳定与生态功能恢复。物理-生物联合修复技术结合了物理修复的快速、高效与生物修复的环境友好、可持续性等优势。

1.3 我国土壤污染管理及政策

1.3.1 土壤污染管理流程

2016 年国务院印发《土壤污染防治行动计划》（以下简称“土十条”），对我国土壤污染防治工作做出全面战略部署。“土十条”发布之后，国家层面相继制定和发布实施了一系列行业标准和技术规范。近年来，我国的污染地块修复产业发展迅速，修复方式已经从单一方式发展到多种修复技术联用、修复与风险管控联用、土壤地下水协同修复等方式，地下水修复效果评估周期、风险管控效果评估方法选择，对污染地块环境管理提出了更高要求。2018 年 8 月 31 日，第十三届全国人大常委会第五次会议通过《中华人民共和国土壤污染防治法》（2019 年 1 月 1 日起施行），我国首次制定土壤污染防治的专门法律，贯彻了让老百姓吃得放心、住得安心的主线。

土壤污染风险管控和修复包括土壤污染状况调查和土壤污染风险评估、风险管控、修复、风险管控效果评估、修复效果评估、后期管理等活动。其中，土壤污染风险评估、风险管控和修复效果评估分别是纳入和移出建设用地土壤污染风险管控和修复名录的主要依据，具体土壤污染风险管控和修复工作流程见图 1-2。

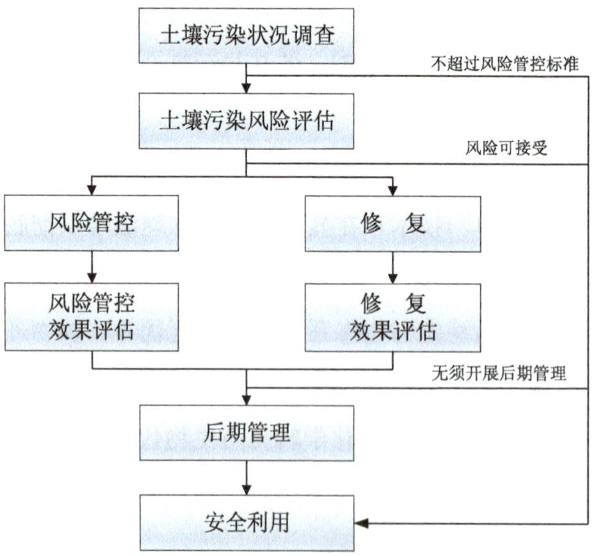

图 1-2　土壤污染风险管控和修复工作流程

土壤污染状况调查，应该编制土壤污染状况调查报告，主要包括地块基本信息、污染物含量是否超过《土壤环境质量　建设用地土壤污染风险管控标准（试行）》（GB 36600—2018）等内容。污染物含量超过土壤污染风险管控标准的，土壤污染状况调查报告还应当包括污染类型、污染来源，以及地下水是否受到污染等内容。

土壤污染风险评估，应该编制土壤污染风险评估报告，主要包括主要污染物状况，土壤及地下水污染范围，农产品质量安全风险，公众健康风险或者生态环境风险，风险管控、修复的目标和基本要求等。土壤污染风险评估是纳入建设用地土壤污染风险管控和修复名录的主要依据。

实施风险管控、修复活动，应当因地制宜、科学合理，提高针对性和有效性。重点注意以下几点，一是注重二次污染防治，不得对土壤和周围环境造成新的污染；二是在实施风险管控、修复活动前，地方人民政府有关部门有权根据实际情况，要求土壤污染责任人、土地使用权人采取移除污染源、防止污染扩散等措施；三是实施风险管控、修复活动中产生的废水、废气和固体废物，应当按照规定进行处理、处置，并达到相关生态环境保护标准；四是实施风险管控、修复活动中产生的固体废物以及拆除的设施、设备或者建筑物、构筑物属于危险废物的，应当依照法律法规和相关标准的要求进行处置；五是修复施工期间，应当设立公告牌，公开相关情况和生态环境保护措施；六是修复施工单位转运污染土壤的，应当制订转运计划，将运输时间、方式、线路和污染土壤数量、去向、最终处置措施等，提前报所在地和接收地生态环境主管部门；七是转运的污染土壤属于危险废物的，修复施工单位应当依照法律法规和相关标准的要求进行处置。

实施风险管控效果评估、修复效果评估活动，需要编制效果评估报告，报告主要包括是否达到土壤污染风险评估报告确定的风险管控、修复目标等内容。修复效果评估报告是移出建设用地土壤污染风险管控和修复名录的主要依据，决定是否可以安全开发利用。

风险管控、修复活动完成后，需要实施后期管理的，土壤污染责任人应当按照要求实施后期管理。

1.3.2 建设用地土壤污染风险管控和修复名录制度

国家实行建设用地土壤污染风险管控和修复名录制度，建设用地土壤污染风险管控和修复名录由省、自治区、直辖市人民政府生态环境主管部门会同自然资源等有关部门制定，按照规定向社会公开，并根据风险管控、修复情况适时更新。

1.3.2.1 纳入名录

对土壤污染状况普查、详查和监测、现场检查表明有土壤污染风险的建设用地地块，地方人民政府生态环境主管部门应当要求土地使用权人按照规定进行土壤污染状况调查。用途变更为居住、公共管理与公共服务用地的，变更前应当按照规定进行土壤污染状况调查。土壤污染状况调查应当在省、自治区、直辖市确定的时限内完成。土壤污染状况调查报告应当报地方人民政府生态环境主管部门，由地方人民政府生态环境主管部门会同自然资源主管部门组织评审。

对土壤污染状况调查报告评审表明污染物含量超过土壤污染风险管控标准的建设用地地块，土壤污染责任人、土地使用权人应当按照国务院生态环境主管部门的规定进行土壤污染风险评估，并将土壤污染风险评估报告报省、自治区、直辖市人民政府生态环境主管部门。省、自治区、直辖市人民政府生态环境主管部门会同自然资源等有关部门按照国务院生态环境主管部门的规定，对土壤污染风险评估报告组织评审，及时将需要实施风险管控、修复的地块纳入建设用地土壤污染风险管控和修复名录，并定期向国务院生态环境主管部门报告。列入建设用地土壤污染风险管控和修复名录的地块，不得作为居住、公共管理与公共服务用地。具体管理办法由省、自治区、直辖市规定。

1.3.2.2 名录中地块的管理

对建设用地土壤污染风险管控和修复名录中的地块，土壤污染责任人应当按照国家有关规定以及土壤污染风险评估报告的要求，采取相应的风险管控措施，并定期向地方人民政府生态环境主管部门报告。风险管控措施应当包括地下水污染防治的内容。

对建设用地土壤污染风险管控和修复名录中需要实施风险管控的地块，地方人民政府生态环境主管部门可以根据实际情况采取下列风险管控措施：一是提出划定隔离区域的建议，报本级人民政府批准后实施；二是进行土壤及地下水污染状况监测；三是采取其他风险管控措施。

对建设用地土壤污染风险管控和修复名录中需要实施修复的地块，土壤污染责任人应当结合国土空间规划编制修复方案，报地方人民政府生态环境主管部门备案并实施。修复方案应当包括地下水污染防治的内容。

风险管控、修复活动完成后，土壤污染责任人应当另行委托有关单位对风险管控效果、修复效果进行评估，并将效果评估报告报地方人民政府生态环境主管部门备案。

1.3.2.3 移出名录

对达到土壤污染风险评估报告确定的风险管控、修复目标的建设用地地块，土壤污染责任人、土地使用权人可以向省、自治区、直辖市人民政府生态环境主管部门申请移出建设用地土壤污染风险管控和修复名录。省、自治区、直辖市人民政府生态环境主管部门会同自然资源等有关部门对风险管控效果评估报告、修复效果评估报告组织评审，及时将达到土壤污染风险评估报告确定的风险管控、修复目标且可以安全利用的地块移出建设用地土壤污染风险管控和修复名录，按照规定向社会公开，并定期向国务院生态环境主管部门报告。

未达到土壤污染风险评估报告确定的风险管控、修复目标，或者未按照规定进行土壤污染状况调查和土壤污染风险评估、风险管控、修复、风险管控效果评估、修复效果评估的建设用地地块，禁止开工建设任何与风险管控、修复无关的项目，已经开工建设的，应当立即停止施工。

1.4 基于名录分析我国污染地块基本特征

截至 2020 年 5 月 1 日，共计 29 个省（自治区、直辖市，不含海南省和西藏自治区）公布了 550 个需要开展风险管控或修复的污染地块。通过对 29 个省（自治区、直辖市）名录中的信息进行统计分析，初步得出我国需要风险管控或者修复的污染地块的基本特征。

1.4.1 地块面积主要集中在 6.67 hm^2 以下

在 29 个省（自治区、直辖市）中，除北京、陕西和山西外的 26 个省级名录中公布了地块面积，涉及地块 516 个，占全部地块数量的 94%。若将地块面积按照 33.34 hm^2 以上、6.67～33.34 hm^2、0.67～6.67 hm^2 和 0.67 hm^2 以下 4 个等级进行统计，其中面积在 0.67 hm^2 以下的地块有 51 个，0.67～6.67 hm^2 的地块有 282 个，6.67 hm^2 以下地块数量累计达 333 个，占全部地块的 64.5%；6.67～33.34 hm^2 的地块数量为 144 个，占全部地块的 27.9%；33.34 hm² 以上的地块有 39 个，占全部地块的 7.6%。由此，名录中的地块面积主要属于 6.67 hm² 以下的类型，接近公布面积地块数量的 2/3，见图 1-3。

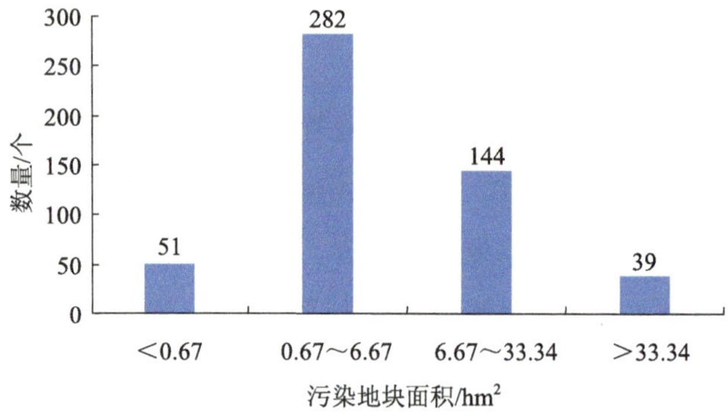

图 1-3 污染地块面积分布情况

1.4.2 重金属、石油烃和多环芳烃是常见的污染物

根据公开信息，名录中共有 228 个地块公布了主要污染物名称。在公布污染物名称的地块中常见污染物出现频次和占比情况见图 1-4。按照污染物出现频次从高到低分别为砷、铅、镉、镍、汞、石油烃、多环芳烃、六价铬、苯系物、氯代烃、锌、铜、氟化物和氰化物。从图 1-4 可知，我国污染地块受重金属的污染较为普遍。其中有 108 个地块（占比为 47%）受到了类金属砷的污染，可看出砷污染的普遍性；名录统计结果显示，从地域分布来看，砷污染地块主要分布于西南地区，其中贵州 26 个、重庆 17 个、四川 9 个、云南 7 个，共计 59 个，占砷污染地块的一半以上（55%），这与我国西南地区砷背景值高有显著关系。其次为重金属铅和镉，再次为镍、汞和六价铬，这些地块大多与电镀、采选冶生产企业相关。在有机污染方面，主要表现为石油烃（占比 20%）和半挥发性的多环芳烃（占比 19%）污染，其次为苯系物（占比 16%）和氯代烃（占比 15%），有较多的地块挥发性有机物和半挥发性有机物并存，这与我国单层化工储罐的使用历史和当初落后的生产工艺相关。其中氯代烃污染的地块主要分布在天津市，共 18 个地块，占全部氯代烃污染地块的 51%，这与天津市发达的化工产业密切相关。

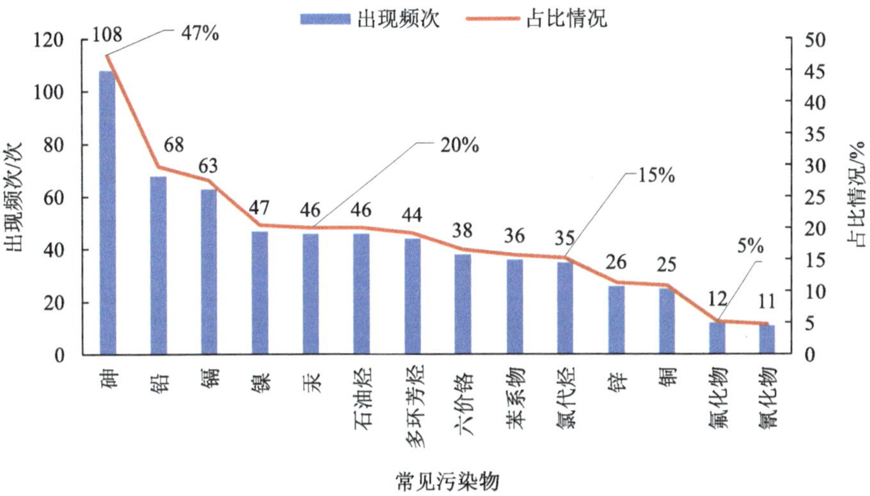

图 1-4 污染地块常见污染物出现的频次和占比情况

1.4.3 GB 36600 标准以外的特征污染物情况

在公布了主要污染物名称的 228 个地块中，有 16 个地块包含了《土壤环境质量 建设用地土壤污染风险管控标准（试行）》（GB 36600—2018）（以下简称 GB 36600 标准）以外的特征污染物（占比 7%），主要涉及麝香类、农药类、重金属类和炸药类。农药类主要包括乙硫磷、甲拌磷、特丁硫磷和艾氏剂；重金属类包括锶、锰、钼和铊等；炸药类包括三硝基甲苯（TNT）和二硝基甲苯（DNT）。另外，氨氮和 pH 也作为了部分污染地块的主要特征污染物，见表 1-1。

表 1-1 GB 36600 标准以外的特征污染物的地块名单

序号	地块名称	GB 36600 标准以外的特征污染物名称	所属行业
1	河西区洞庭路复兴九里南侧地块	二甲苯麝香	香料、香精制造
2	天津农药股份有限公司场地	乙硫磷、甲拌磷和特丁硫磷	化学农药制造
3	原吉华化工厂场地	氨氮	—
4	河西区黑牛城道（大成五金）地块复兴九里南侧（四信里南侧之绿道公园）地块	麝香类	—
5	石家庄市正定金石化工有限公司场地	锶	—

序号	地块名称	GB 36600 标准以外的特征污染物名称	所属行业
6	永修县梅棠镇钒矿历史遗留尾矿渣地块	pH	遗留尾矿渣
7	高安市田南镇陈村大成自然村桥顶山污染场地	氨氮	—
8	桂平市福利锰粉厂旧址污染场地	锰	—
9	钟山县原永丰化冶厂回龙车间场地	钼	—
10	钟山县金易冶炼有限责任公司旧址污染场地	铊	其他常用有色金属冶炼
11	重庆钢铁（集团）有限公司焦化厂地块（含精苯厂地块）	咔唑、二苯并呋喃	热力生产和供应
12	重庆红岩纺织机械厂（沙坪坝组团 B22-1 号地块部分）地块	锰	其他家用纺织制成品制造
13	巫溪县原垃圾填埋场地块	艾氏剂	环境卫生管理
14	贵州省遵义市汇川区海礁硫酸有限公司场地	铊	化学原料和化学制品制造业
15	甘肃银光化学工业集团有限公司污染场地	TNT、DNT、二硝基甲苯磺酸钠	炸药及火工产品制造
16	原宁夏明盛染化有限公司地块	pH、硫酸盐	燃料制造

值得一提的是，2020 年 6 月 8 日深圳市发布的《建设用地土壤污染风险筛选值和管制值》（DB4403/T 67—2020）中，包含了锰、钼、铊和二苯并呋喃的筛选值和管控值。2020 年 8 月 18 日河北省发布的《建设用地土壤污染风险筛选值》（DB13/T 5216—2020）中，含有甲拌磷、氨氮、钼、铊、二苯并呋喃和艾氏剂等污染物的筛选值和管控值。这也给土壤污染状况调查单位很好的启示，除了关注 GB 36600 标准外，还要根据地块具体情况，增加省市地方标准中涉及的污染因子。

1.4.4 重金属和有机污染复合的多种污染物并存现象普遍

在公布了主要污染物名称的 228 个地块中，同一地块上有 5 个以上特征污染物的地块有 78 个，占 1/3 以上，主要分布于我国西南地区（38 个，占比 49%）和京津冀地区（16 个）。一半以上的地块为重金属和有机污染物复合型的污染（42 个，占比 54%），其次为重金属类污染地块（22 个，占比 28%），两者累计后占比为 82%。

作为典型焦化类地块，重庆钢铁（集团）有限公司焦化厂地块（含精苯厂地块）主要污染物数量高达 20 种，不仅包括重金属镉、铜、锌、铅，类金属砷，挥发性有机物苯，还包括半挥发性有机物萘、苯并[*b*]荧蒽、苯并[*k*]荧蒽、苯并[*a*]芘、咔唑、1,2,4-三甲基苯和二苯并呋喃等，属于典型复杂污染地块。我国复杂污染地块数量多、分布广，靠单一修复技术不能完成一个地块的修复，更多需依靠针对不同类型污染物的多种技术的组合和系统集成进行修复。

1.4.5 同一污染地块土壤和地下水中的污染物具有差异性

22 个地块明确了地下水中需要关注的特征污染物。总体来看，地下水中污染物主要涉及苯系物、氯代烃、多环芳烃、总石油烃、砷、铅、六价铬、铬、镍、锌、铊、氟化物，以及 COD、pH、色度、硫酸盐、溶解性总固体、二甲苯麝香等，其中苯是地下水中较为常见的污染物，约 1/3 的地块地下水存在苯污染，与苯广泛作为化工企业重要溶剂及生产原料相关。

通过对同一污染地块土壤与地下水中污染物对比发现，仅有 1 个地块土壤中的污染物与地下水中的污染物完全一致，其余地块土壤污染物与地下水污染物从类别或数量上均存在一定的差异性（表 1-2）。由于土壤中的污染物总量超标，土壤中总量超标的污染物能够浸出的部分与污染物的化学物相有关，容易浸出的化学物相含量高，地下水超标的可能性就大，反之亦然；且与污染物自身的迁移性相关。另外地下水中污染物超标，可能来源于污染土壤的淋滤作用、地下管网的渗漏、偷排，以及周边地下水的迁移等，是多因素作用的结果，导致同一地块地下水中的污染物与土壤中污染物存在一定的差异。

表 1-2 同一污染地块土壤和地下水中的污染物情况

序号	污染地块名称	土壤中污染物	地下水中污染物
1	天津市自强化工厂地块	重金属、三氯甲烷、萘、总石油烃、氟化物、狄氏剂、苯并[a]蒽、苯并[b]荧蒽、苯并[a]芘、4-氯苯胺、1,4-二氯苯、灭蚁灵、4-氯苯胺、硝基苯等	氟化物、萘
2	武清开发区四期工业项目铁科五期地块	铬、镍、氰化物	铬、镍
3	河西区洞庭路复兴九里南侧地块	单环芳烃、总石油烃、二甲苯麝香等 18 种	乙苯、二甲苯麝香等 12 种
4	天津农药股份有限公司地块	苯、乙苯、1,2,4-三氯苯、氯仿、萘和苯并[a]芘、乙硫磷、乙硫磷、甲拌磷和特丁硫磷等多种污染物	苯、二氯甲烷、氯仿、乙苯、二甲苯
5	河西区（陈塘科技商务区）7 号北及 7 号南地块内西侧界外处理用地	苯、苯并[a]蒽、1,4-二氯苯、汞、氯苯、苯胺、苯并[a]芘、1-萘胺	苯、氯苯、苯胺

序号	污染地块名称	土壤中污染物	地下水中污染物
6	河西区黑牛城道（大成五金）地块复兴九里南侧（四信里南侧之绿道公园）地块	乙苯、非常规指标麝香类	1,2-二氯乙烷、非常规指标麝香类
7	静海镇三街化工厂地块	萘、乙苯、1,2-二氯乙烷、三氯乙烯、氯仿、4-氨基联苯等多种污染物	苯、乙苯、间二甲苯、对二甲苯、氟苯、对硝基氯苯、二氯甲烷、氯仿等多种污染物
8	西青区化学试剂一厂地块	氯代烃有机物、苯和苯酚	氯代烃有机物、苯和苯酚
9	天津石化聚醚部整体搬迁项目地块	苯；甲苯；乙苯；对、间二甲苯；邻二甲苯；苯乙烯；1,2-二氯丙烷；1,2,3-三氯丙烷；1,4-二氯苯；萘；苯并[*a*]蒽；苯并[*b*]荧蒽；苯并[*k*]荧蒽；苯并[*a*]芘；茚并[1,2,3-*cd*]芘；二苯并[*a,h*]蒽；苯酚	苯；甲苯；乙苯；对、间二甲苯；邻二甲苯；苯乙烯；1,2-二氯丙烷；二氯甲烷；1,1-二氯乙烷；1,2-二氯乙烷；氯仿；苯并[*a*]蒽；苯并[*a*]芘；1,4-二氯苯；1,2,3-三氯丙烷；氯苯；萘
10	贵州省遵义市汇川区海礁硫酸有限公司地块	砷、氯化物	砷、铅、铬、镍、锌、铊
11	河西区陈塘科技商务区 F10 地块	三氯乙烯、四氯乙烯	氯乙烯、三氯乙烯、四氯乙烯、顺-1,2 二氯乙烯
12	河东区成林道天药集团地块	氯仿、总石油烃、苯	氯仿、总石油烃、苯、1,1-二氯乙烷、1,2-二氯乙烷、二溴氯甲烷、二氯甲烷
13	河北区建昌道铝品厂地块	氯代烃、苯、多环芳烃类	单环芳烃、卤代脂肪烃、多环芳烃类、总石油烃
14	河西区光大冰峰化工有限公司地块	苯	苯、1,2-二氯乙烷
15	天津市西青区辛口镇福运道南侧仓储项目地块	苯	重金属、苯
16	原宁夏明盛染化有限公司地块	pH、硫酸盐	COD、pH、色度、硫酸盐
17	河西区郁江道（陈塘科技商务区）7 号地南侧地块	硝基苯，氯苯，甲苯，对、间二甲苯，苯，菲，1-萘胺	溶解性总固体
18	遵义天久废旧物资冶化厂地块	砷、镉	六价铬
19	天津市北辰区荣国路（安康）地块	—	氯乙烯、1,2-二氯乙烷等 12 种
20	河西区郁江道陈塘科技商务区内江路和双海道交口公交首末站和水文监测站地块	—	氯苯、1-萘胺、4-氯苯胺、溶解性固态
21	天津市红桥区光荣道科技园（5 号南和 12 号南）地块	—	三氯乙烯、四氯乙烯、氯乙烯
22	陈塘科技商务区内江路（X1 小学）东侧能源站地块	—	氯乙烯、1,1,2-三氯乙烷

1.4.6 农药类地块的分析

我国是农药生产和使用大国，从 20 世纪 50 年代开始生产，至今已有约 70 年生产历史。我国农药生产量大，而危害较大的有机氯农药曾一度达到总产量的 80%以上，其中六六六和滴滴涕总产量分别达 490 万 t 和 46 万 t。根据名录，地块名称中明确为农药厂遗留地块的有 10 个，包括四川 3 个、天津 2 个、浙江 2 个、河南 1 个、湖北 1 个、重庆 1 个，约占总地块数量的 2%。大部分农药污染地块面积均在 6.67 hm^2 以下，最小农药厂面积仅为 0.33 hm^2，超过 6.67 hm^2 的农药厂占总数的 30%。名录中共有 5 个地块公布了主要污染物，其中 3 个地块包含乙硫磷、甲拌磷、特丁硫磷、乐果、敌敌畏和滴滴涕等农药类污染物。重庆井口农药有限公司地块和四川遂宁市保升乡农药厂地块均无农药类的污染指标，这可能一方面是由于部分农药污染物的半衰期短、易降解，如有机磷农药；另一方面是由于目前阶段很多农药类污染物的检测手段有限，缺乏土壤中污染物的分析监测方法，或者实验室不具备相应的检测能力。

2 效果评估的依据以及定位

2.1 效果评估依据

建设用地土壤环境管理包括地块初步调查、详细调查、风险评估、效果评估等环节，对污染地块修复与风险管控效果开展科学合理的验证和评估是建设用地土壤环境管理的重要环节，是保障地块下一步开发和安全利用必不可少的步骤。《中华人民共和国土壤污染防治法》第四十二条规定："实施风险管控效果评估、修复效果评估活动，应当编制效果评估报告。效果评估报告应当主要包括是否达到土壤污染风险评估报告确定的风险管控、修复目标等内容。"《污染地块土壤环境管理办法（试行）》（环境保护部令 第 42 号）第二十六条规定"治理与修复工程完工后，土地使用权人应当委托第三方机构按照国家有关环境标准和技术规范，开展治理与修复效果评估""治理与修复效果评估报告应当包括治理与修复工程概况、环境保护措施落实情况、治理与修复效果监测结果、评估结论及后续监测建议等内容"。

2.2 国家和地方相关技术规范

"十三五"期间，我国开始实行建设用地土壤污染风险管控和修复名录制度，纳入名录内的污染地块通过修复治理或风险管控后，应通过省级生态环境部门和自然资源部门联合组织的效果评估评审，达到土壤污染风险评估报告确定的风险管控、修复目标且可以安全利用后才可以被移出名录，从而进入土地的再开发利用阶段。效果评估工作在污染地块全过程管理中发挥着举足轻重的作用。总体上，名录制度与《效果评估技术导则》是具体项目执行过程中的主要抓手。

2018 年之前，北京、重庆、上海、浙江、广东等地先后发布了效果评估技术导则，为了确保人民群众“住得安心”，生态环境部于 2018 年 12 月 29 日和 2019 年 6 月 18 日分别发布了《效果评估技术导则》和《污染地块地下水修复和风险管控技术导则》（HJ 25.6—2019），作为统一各地效果评估组织实施和技术方法的主要规范性文件。《效果评估技术导则》明确了污染地块土壤和地下水效果评估的工作内容、工作程序，是指导污染地块退出名录的直接依据。近年来，我国的污染地块修复产业发展迅速，修复方式已经从单一方式发展到多种修复技术联用、修复与风险管控联用、土壤地下水协同修复等方式，地下水修复效果评估周期、风险管控效果评估方法选择对污染地块环境管理提出了更高要求，2024 年 10 月，北京市生态环境保护科学研究院联合清华大学对现有效果评估技术规范进行修订以满足在复杂情景下开展效果评估工作，并形成了《建设用地土壤风险管控与修复效果评估技术导则》（征求意见稿）（表 2-1）。

表 2-1 我国效果评估的相关导则及实施日期

等级		效果评估技术标准	印发日期
国家层面	生态环境部	《污染地块风险管控与土壤修复效果评估技术导则（试行）》（HJ 25.5—2018）	2018 年 12 月 29 日
		《污染地块地下水修复和风险管控技术导则》（HJ 25.6—2019）	2019 年 6 月 18 日
地方层面	北京市	《污染场地修复验收技术规范》（DB11/T 783—2011）	2011 年
	上海市	《上海市污染场地修复工程验收技术规范（试行）》	2015 年
	重庆市	《污染场地治理修复验收技术导则》（DB50/T 724—2016）	2017 年
	浙江省	《污染地块治理修复工程效果评估技术规范》（DB33/T 2128—2018）	2018 年
	广东省	《污染地块治理与修复效果评估技术指南》	2018 年
	江苏省	《建设用地地下水污染修复和风险管控技术导则》（DB32/T 4611—2023）	2023 年
	天津市	《天津市建设用地土壤污染风险管控和修复工程环境风险管理工作指引（试行）》	2023 年

<table>
<tr><th colspan="2">等级</th><th>效果评估技术标准</th><th>印发日期</th></tr>
<tr><td rowspan="2">地方层面</td><td>北京市</td><td>《建设用地土壤风险管控与修复效果评估技术导则》（征求意见稿）</td><td>2024 年</td></tr>
<tr><td>江苏省</td><td>《污染地块原位热脱附修复效果评估技术指南》（DB32/T 4680—2024）</td><td>2024 年</td></tr>
<tr><td>团体标准</td><td>上海市地质学会、江苏省地质学会</td><td>《污染地块竖向阻隔效果评估技术标准》（T/SHDZ 003—2025）</td><td>2025 年</td></tr>
</table>

2019 年 12 月 17 日，生态环境部发布了《建设用地土壤污染状况调查、风险评估、风险管控及修复效果评估报告评审指南》，对效果评估报告评审要点进行了细化说明，随后各省市根据自身特点发布了本地区的建设用地效果评估报告评审工作流程、评审细则、评审要点等相关文件（表 2-2），作为我国效果评估技术规范的有效补充。

表 2-2　我国各地效果评估相关管理规定及实施日期

等级	技术文件名称	印发日期
国家	《建设用地土壤污染状况调查、风险评估、风险管控及修复效果评估报告评审指南》	2019 年 12 月 17 日
上海市	《污染地块治理修复方案及修复效果评估技术审核工作规程》	2017 年 10 月 11 日
上海市	《上海市建设用地地块土壤污染调查评估、风险管控和修复工作指南（试行）》	2019 年 6 月 24 日
上海市	《上海市建设用地土壤污染状况调查、风险评估、风险管控和修复、效果评估等工作的若干规定》	2021 年 6 月 30 日
安徽省	《安徽省建设用地土壤污染状况调查报告、风险评估报告和治理修复效果评估报告评审规定（试行）》	2019 年 6 月 30 日
吉林省	《吉林省土壤污染治理与修复成效评估工作方案》	2020 年 10 月 21 日
山东省	《山东省建设用地土壤污染风险评估、风险管控及修复效果评估报告评审工作指南》	2020 年 11 月 6 日
云南省	《云南省建设用地土壤污染状况调查、风险评估、风险管控及修复效果评估报告评审指南（试行）》	2020 年 4 月 2 日
河北省	《河北省建设用地土壤污染状况调查、风险评估、风险管控及修复效果评估报告评审指南》	2020 年 7 月 4 日
江西省	《江西省建设用地土壤污染状况调查、风险评估、风险管控及修复效果评估报告评审细则（试行）》	2020 年 7 月 20 日
福建省	《福建省建设用地土壤污染状况调查、风险评估及修复（风险管控）效果评估报告技术审核要点（试行）》	2022 年 1 月 19 日
深圳市	《深圳市建设用地土壤污染风险评估报告、风险管控效果评估报告、修复效果评估报告评审工作程序》	2021 年 8 月 10 日

等级	技术文件名称	印发日期
浙江省	《浙江省建设用地土壤污染风险管控与修复数字化应用系统管理暂行办法》	2022 年 10 月 24 日
天津市	《天津市建设用地土壤污染状况调查、风险评估、风险管控及修复效果评估报告评审细则（试行）》修订版	2023 年 7 月 26 日

2.3 效果评估工作定位

通过资料回顾与现场踏勘、现场采样和实验室检测，综合评估地块风险管控与修复是否达到规定要求、地块风险是否达到可接受水平。

整体来看，土壤污染风险管控与修复效果评估的定位符合《中华人民共和国土壤污染防治法》中对土壤污染风险评估报告要求。

作为省级建设用地土壤污染风险管控与修复名录管理的抓手，效果评估应该站在更高的视角，全局考虑整个污染地块的情况，并结合未来规划、风险管控及修复情况、修复过程水文地质条件改变等综合判断污染地块的风险是否达到可接受水平范围内。体现了我国污染地块是基于风险管理的大思路。

2.4 效果评估工作程序

根据《效果评估技术导则》，污染地块风险管控与土壤修复效果评估工作程序见图 2-1。

在实际操作过程中，建议污染地块风险管控与修复效果评估可参考以下步骤执行。

第一步：效果评估应制定布点方案（效果评估方案），与各相关方及时沟通，收集并梳理调查报告、风险评估报告、风险管控与修复方案、工程相关资料（施工组织设计等）。

第二步：建立效果评估的工作机制，由施工单位提出报验申请，在施工单位、监理单位的见证下进行采样验收。效果评估可与施工作业同步开展，分批次验收，验收不合格，反馈业主，施工单位补充修复，然后再次申请效果评估。

第三步：更新地块概念模型贯穿全过程，需要整体把握污染地块风险变化以及是否达到可接受水平。

第四步：提出后期环境监管建议。

第五步：编制效果评估报告，进行专家评审。

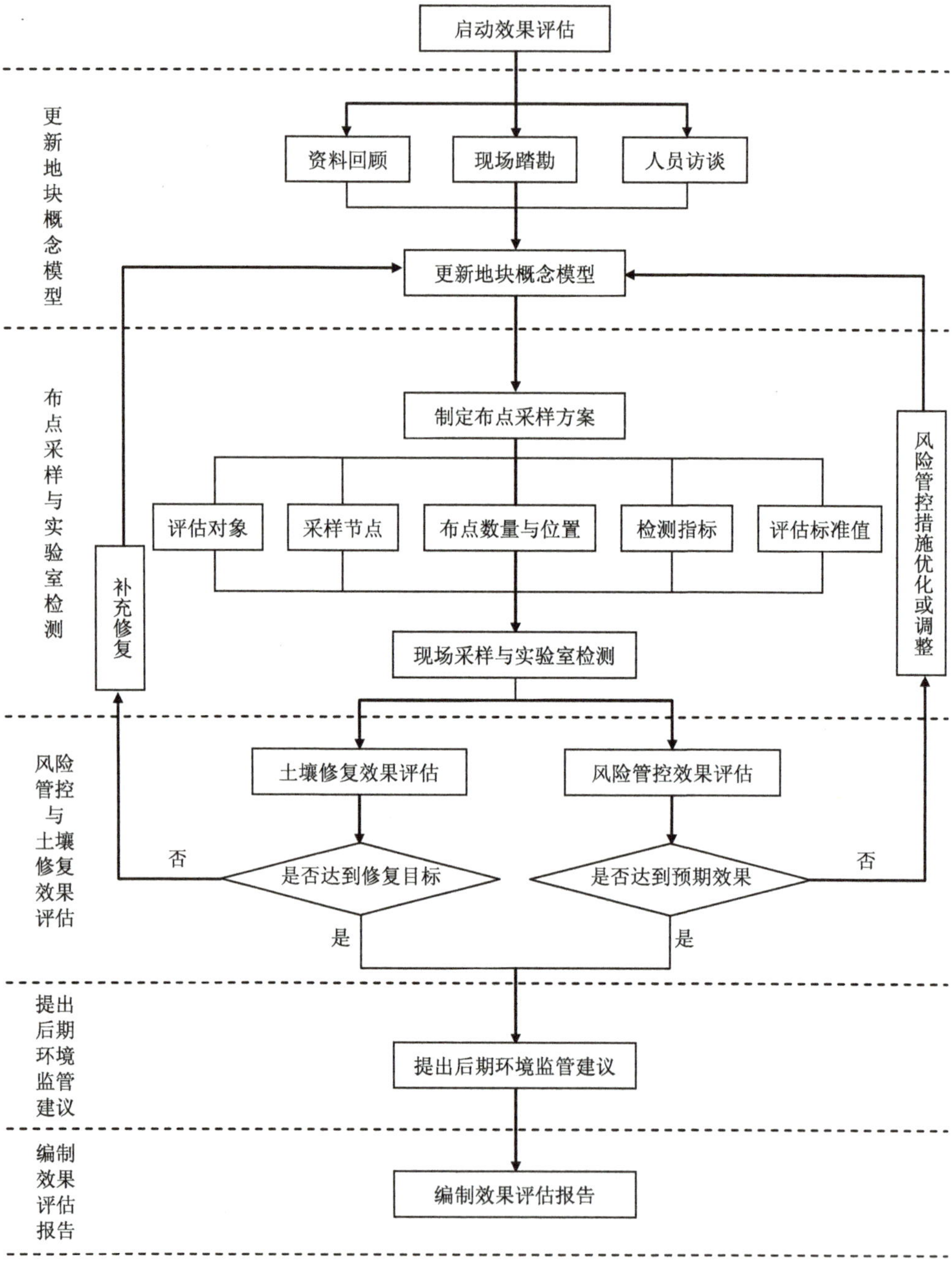

图 2-1　污染地块风险管控与土壤修复效果评估工作程序

2.5 效果评估的责任主体

从事土壤污染状况调查和土壤污染风险评估、风险管控、修复、风险管控效果评估、修复效果评估、后期管理等活动的单位，应当具备相应的专业能力。

受委托从事上述活动的单位对其出具的调查报告、风险评估报告、风险管控效果评估报告、修复效果评估报告的真实性、准确性、完整性负责，并按照约定对风险管控、修复、后期管理等活动结果负责。

2.6 效果评估报告编制大纲

目前，我国土壤修复效果评估报告大纲主要参考《效果评估技术导则》开展，具体见表 2-3。

表 2-3 土壤修复效果评估参考大纲

项目	具体内容
1 项目背景	简要描述污染地块基本信息，调查评估及修复的时间节点与概况、相关批复情况等。简明列出以下信息：项目名称、项目地址、业主单位、调查评估单位、修复单位、监理单位、修复效果评估单位
2 工作依据	2.1 法律法规 2.2 标准规范 2.3 项目文件
3 地块概况	3.1 地块调查评价结论 3.2 风险管控或修复方案 3.3 风险管控或修复实施情况 3.4 环境保护措施落实情况
4 地块概念模型	4.1 资料回顾 4.2 现场踏勘 4.3 人员访谈 4.4 地块概念模型
5 效果评估布点方案	5.1 土壤修复效果评估布点 5.1.1 评估范围 5.1.2 采样节点 5.1.3 布点数量与位置

项目	具体内容
5 效果评估布点方案	5.1.4 检测指标 5.1.5 评估标准值 5.2 风险管控效果评估布点 5.2.1 检测指标和标准 5.2.2 采样周期和频次 5.2.3 布点数量与位置
6 现场采样与实验室检测	6.1 样品采集 6.1.1 现场采样 6.1.2 样品保存与流转 6.1.3 现场质量控制 6.2 实验室检测 6.2.1 检测方法 6.2.2 实验室质量控制
7 效果评估	7.1 检测结果分析 7.2 效果评估
8 结论与建议	8.1 效果评估结论 8.2 后期环境监管建议

第二部分

效果评估技术方法

3 更新地块概念模型

3.1 资料回顾

收集和整理污染地块相关的资料，包括前期环境调查评估报告、实施方案、施工组织设计、施工总结报告以及环境监理报告、工程监理报告等，了解地块的历史污染情况、修复过程和修复效果。

3.1.1 前期环境调查评估报告

前期环境调查评估报告是地块概念模型更新的重要资料之一，其详细记录了地块的污染历史、污染源识别、污染物种类和分布范围、环境介质的污染状况等信息。例如，报告中包含土壤和地下水的采样分析结果，显示污染物在不同深度和位置的浓度分布情况，为更新污染分布提供数据支持。

3.1.2 实施方案以及施工总结报告

实施方案是指导污染地块修复工作的文件，包括修复目标、修复技术选择、修复工艺流程、修复设施设计等内容。在实施方案中会明确采用的土壤修复技术是异位修复还是原位修复，修复设施的布局和参数，如修复深度、处理能力等，这些信息对于更新地块概念模型中的修复设施参数至关重要。

3.1.3　监理报告

监理报告记录了修复工程的实施过程和质量控制情况，包括修复设施的运行状态、修复效果的阶段性评估、施工过程中的问题及处理措施等。特别是监理报告中可能会提到修复过程中出现的设备故障、修复效果未达预期等问题，以及相应的解决方案和调整措施，这些信息有助于了解修复工程的实际效果，为地块概念模型的更新提供参考。

3.2　现场踏勘

对污染地块进行现场踏勘，观察地块的地形地貌、植被覆盖、修复设施运行情况等，核实资料中的信息，发现新的污染迹象或问题。在现场踏勘中，可能会发现某些区域的植被生长异常，或者修复设施出现损坏等情况，这些信息对于更新地块概念模型非常重要。

3.2.1　核定修复范围

可采用无人机航拍手段，对照风险评估报告与修复方案中的污染区域拐点坐标、施工过程记录、监理出具的相关记录资料等进行核实，确认污染区域已经完成分区清理，开挖边界与相关文件要求基本一致，污染土壤治理修复范围（基坑开挖范围与深度、异位修复土壤工程量、污染土壤水泥窑处置量）基本符合修复方案要求。

3.2.2　识别现场遗留污染

对地块表层土壤及侧壁裸露土壤状况、遗留物品等进行观察和判断，特别是是否存在疑似有毒、有害遗留污染物，是否存在明显的遗留污染；污染土壤修复过程中是否有原、辅材料遗撒造成的遗留污染问题以及其他明显的二次污染痕迹。

3.3　人员访谈

效果评估项目组应该及时开展人员访谈工作，核实目标污染物、修复范围、修复工程量等，并咨询生态环境部门意见得到认可。可以通过参与修复工程例会或座谈会，对施工进展情况与过程事件解决方案等深入了解，以便于掌握地块修复工程方案要求，修复施工情况，污染土壤暂存、修复、外运情况，环境保护措施落实情况等。

访谈对象应该包括生态环境部门、地块建设单位、地块调查评估单位、修复施工单位、监理单位等，了解他们在污染治理过程中的经验和见解，获取第一手资料。

3.4 更新地块概念模型

在资料回顾、现场踏勘、人员访谈的基础上，掌握地块风险管控与修复工程情况，结合地块地质与水文地质情况、污染空间分布、修复技术特点、修复设施布局等，对地块概念模型进行更新，完善地块实施风险管控与修复后的概念模型。地块概念模型可用文字、图、表等方式表达，作为确定效果评估范围、采样节点、布点位置等的依据。如果在现场踏勘中发现新的污染区域，应及时更新污染分布图；如果修复设施的参数发生变化，如修复深度或处理能力，也应相应更新模型中的参数。

3.4.1 污染分布情况

污染分布是地块概念模型的核心内容之一，它描述了污染物在地块内的空间分布情况，包括土壤和地下水中的污染物浓度分布、污染范围和深度等。通过绘制污染分布图，可以直观地展示污染物在地块内的高浓度区域和低浓度区域，以及污染物的迁移方向和扩散范围，为布点采样提供依据。

3.4.2 地质条件

地块的地质结构、地下水水位、渗透性、土壤类型等影响污染物的迁移转化，如地下水的渗透性会影响污染物在地下水中的迁移速度和范围，土壤类型会影响污染物的吸附和解吸行为。

3.4.3 修复设施参数

修复设施参数包括修复设施的类型、布局、处理能力、运行参数等，这些参数决定了修复工程的实施效果和范围。例如，对于异位修复设施，需要明确修复设备的处理能力、修复深度、修复周期等参数；对于原位修复设施，需要确定注入药剂的类型和剂量、修复区域的边界等参数，这些信息在地块概念模型中应准确反映，以便在效果评估中进行准确地对比和分析。

4 效果评估技术方法

4.1 效果评估对象

参考《效果评估技术导则》和《污染地块地下水修复和风险管控技术导则》（HJ 25.6—2019），识别出不同修复方式需要开展效果评估的对象，如表 4-1 所示。

表 4-1　不同修复方式需要评估的对象

修复方式	评估对象
土壤异位修复	基坑、异位修复后的土壤
土壤原位修复	原位修复后的土壤
地下水异位修复	原污染区域地下水、修复后的地下水
地下水原位修复	原污染区域地下水
风险管控方式	工程性能指标、污染物指标
潜在二次污染区域	污染土壤暂存区、修复设施所在区、固体废物或危险废物堆存区、运输车辆临时通道、土壤或地下水待检区、废水暂存处理区、修复过程中污染物迁移涉及的区域、其他可能的二次污染区域

需要特别注意的是，外来回填土壤可能会引发二次污染问题，因此，在开展效果评估时不应忽略外来回填土壤的采样与检测。

4.2 效果评估布点方法

4.2.1 土壤异位修复效果评估

4.2.1.1 基坑效果评估

（1）清挖布点原则

在清挖后基坑布点数量满足《效果评估技术导则》的基础上，布点位置根据地块实际情况综合确定。具体包括基坑坑底和侧壁的清挖效果评估。

1）坑底。

①考虑点位代表性原则，采用系统布点法，将坑底初步利用网格进行划分，网格大小根据采样面积与采样点数量确定，最大不超过 20 m×20 m。对于重金属和半挥发性有机物，在一个采样网格和间隔内可采集混合样，对于挥发性有机物，每个网格内采用中心布点法。

②考虑每个点位控制范围的合理性，每个点位控制的坑底面积不应大于其他采样控制点的 2 倍。由于大部分基坑多为不规则多边形，对于网格中心点无法控制的边角区域，在网格边界与地块边界组成的多边形内进行布点，布点位置为不规则形状的中心点，保证各基坑拐角位置均有控制性取样点，采样点控制范围不大于其网格中心点控制的范围（图 4-1）。

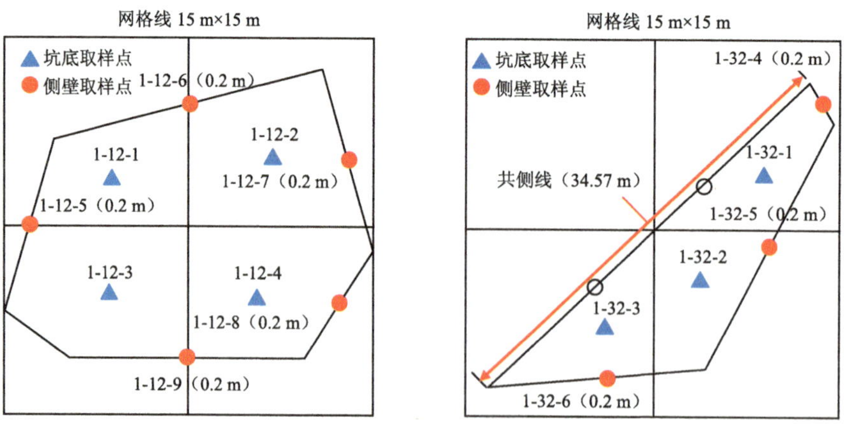

图 4-1 典型基坑坑底和侧壁布点方案示意图

③考虑评估检测成本，污染类型相同的垂向相邻基坑坑底不设置采样点。

2）侧壁。

①考虑评估过程保守性及安全性原则，基坑侧壁原则上每条均设置采样点，当侧壁长度较短时可考虑合并到相邻侧壁作为整体布点。

②考虑评估检测成本，污染类型相同的相邻基坑共侧壁不设置取样点。

③考虑点位代表性，在中心点布设采样点；长度＞40 m 的侧壁，采用等距离布点法，采样点位≥2 个，点位间距≤40 m。若布点数量少于《效果评估技术导则》要求时，则在最长侧壁加密等间距布点。

④当基坑深度＞1 m 时，侧壁进行垂向分层采样，第 1 层为表层土（0～0.2 m），0.2 m 以下每 1～3 m 分 1 层，不足 1 m 时与上一层合并。各层采样点之间垂向距离不大于 3 m（图 4-2）。

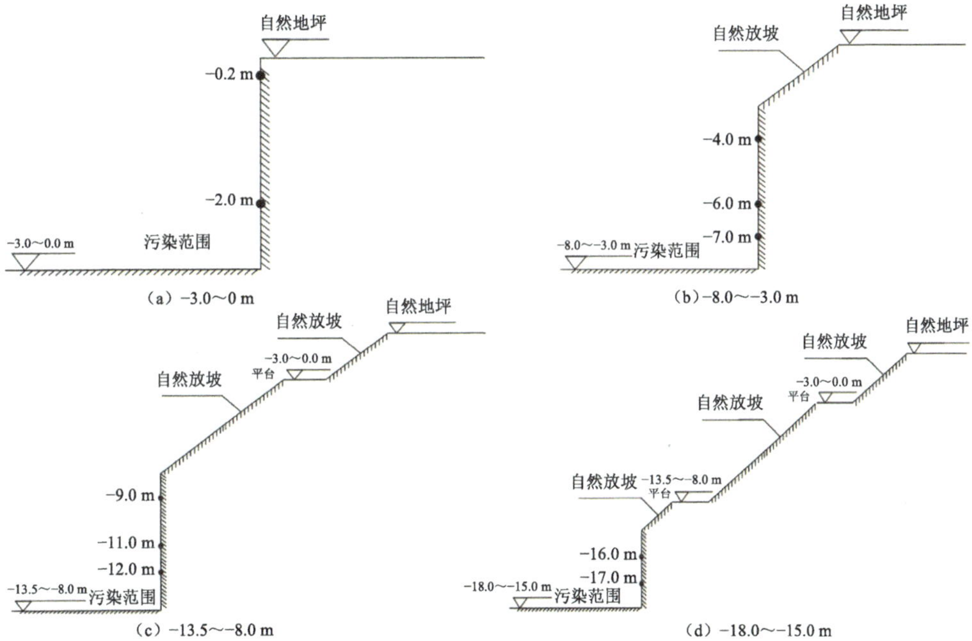

图 4-2 典型基坑侧壁垂向布点图

（2）扩挖布点原则

1）坑底。

基坑坑底超标扩挖时，在原清挖后的基础上，坑底向下扩挖 0.5 m，然后布点取样，布点位置仍位于网格控制的中心点位置。

若坑底采样点颜色及气味明显异常，或检测结果再次超过修复目标值，为保证施工进度，坑底整体向下扩挖深度调整为 1.0 m，布点位置整体保持不变，直至基坑坑底土壤中污染物检测结果达到修复目标值，基坑清理方可结束。

2）侧壁。

①一次超标扩挖时，对长度较短的侧壁（≤4 m）进行整体扩挖，点位布设于新形成侧壁的中心点位置；对长度较长的侧壁（>4 m），以超标点位为中心，左右两侧各 2 m 的范围，向外侧整体扩挖 1 m，扩挖深度同修复基坑的深度保持一致。点位布设于扩挖区域形成的新的 3 条侧壁所在的中心点位置。采样深度位置与原采样方案一致。

②当存在再次超标需要进行二次扩挖时，以存在超标的侧壁为扩挖对象整体向外侧扩挖 2 m。此外，在扩挖后新形成长方体基坑的左右两侧（短边）出现超标时，若扩挖侧壁距离原基坑侧壁边界长度≤2 m；或扩挖侧壁距离原基坑侧壁边界>2 m，但扩挖后仍存在明显的废物填埋，则左右两侧扩挖至原基坑侧壁拐点处。评估点位布设于向外侧扩挖形成的新侧壁的中心点位置。

③对于三次及以上超标扩挖时，说明地块整体污染严重，左右两侧直接扩挖至原基坑侧壁拐点处；若二次扩挖时左右两侧已扩挖至侧壁拐点处，则扩挖范围以超标点控制的侧壁为界，整体向外侧扩挖 2 m。点位布设于向外扩挖后形成的各条侧壁的中间位置。侧壁扩挖直至检测结果达到修复目标值，侧壁清理方可结束（图 4-3）。

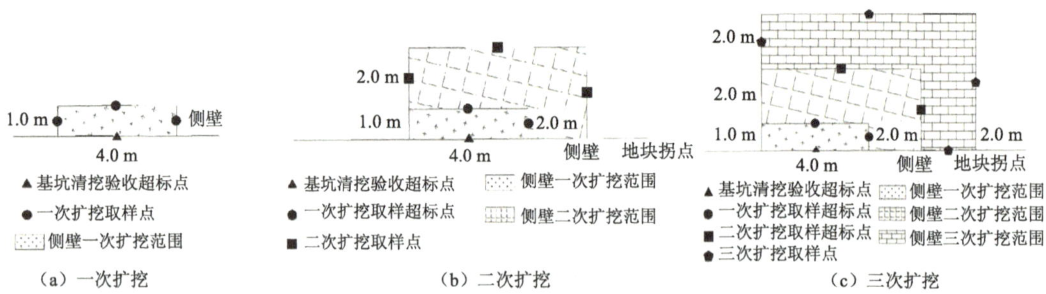

图 4-3 典型基坑侧壁垂向布点图

（3）采样节点

清挖之后，回填之前。若有基坑支护，则在清挖时采样，或支护完成后在外边缘采样，可根据工程进度分批次采样。

（4）采样方法

基坑修复效果评估的目的是评估基坑是否清理到位，一般情况下，在基坑清理后表层采样即可表征剩余土壤是否还存在污染的情况，为避免基坑清理表面受到影响，建议一般情况下在去除杂质后采样；对于个别情况，例如，为了进一步判定补充清理的深度，可能也需要根据实际情况进行深层采样。

鉴于土壤多点增量采样方法已发布国家标准且在多个场地试用，基坑效果评估采样也可参照《土壤质量　决策单元-多点增量采样法》（GB/T 42489—2023）中的方法开展。

4.2.1.2　异位修复后土壤效果评估

（1）布点基本原则

堆体通常有两种，一种是批次处理后堆存的堆体，另一种是异位堆体状态修复的堆体，相对来说，前者土壤中污染物浓度比较均一，而后者可能会存在效果不均一的情况，或由于管线设置的不均一性，或由于天气变化或其他工况影响局部区域，易出现修复薄弱区，而薄弱区是更需关注的，修复效果评估采样时应重点考虑。

按照堆体模式处理的修复技术，一般采用国内目前常用的方量要求，即 500 m^3 为一个样品。也可根据修复后土壤中污染物浓度分布特征参数计算修复差变系数，根据不同差变系数查询计算对应的推荐采样数量，具体见表 4-2。

表 4-2　修复后土壤最少采样数量

差变系数	采样单元面积/m^3
0.05～0.20	100
0.20～0.40	300
0.40～0.60	500
0.60～0.80	800
0.80～1.00	1 000

专栏　差变系数计算方法

差变系数是指修复后地块污染物平均浓度与修复目标值的差值与估计标准差的比值，用τ表示。差值越大、估计标准差越小，则差变系数越大，所需样本量越小。

计算方法如下:

$$\tau = \frac{\mu_1 - C_s}{\sigma}$$

式中，C_s——修复目标值；

μ_1——修复后地块污染物平均浓度，通常用已有样品的均值来估算；

σ——估计标准差。

估计标准差根据前期资料和先验知识估计或计算，具体如下：①从修复中试或其他先验数据中选择简单随机样本，样本量不少于20个，确定20个样本的浓度；若不是简单随机样本，则样本点应覆盖整个区域、能够代表采样区；若样本量少于20个，应补充样本量或采用其他的统计分析方法进行计算。②计算20个样本的标准差，作为估计标准差。

按照堆体模式处理的修复技术，若在堆体拆除前采样，在符合前述要求的同时，应结合堆体大小设置采样点，推荐数量见表4-3。

表4-3 堆体模式修复后土壤最少采样点数量

堆体体积/m^3	采样单元数量/个
＜100	1
100～300	2
300～500	3
500～1 000	4
每增加500	增加1个

（2）采样节点

异位修复后的土壤应在修复完成后、再利用之前采样，可根据修复进度进行分批次采样；按照堆体模式进行异位修复的土壤，宜在堆体拆除之前进行采样。修复效果与土壤修复技术以及设施运行情况直接相关，因此对于按照批次处理的修复技术，每批次都要进行采样，以免疏漏。

（3）采样方法

修复后的土壤堆体采样位置采用国内外基本通用的均匀网格布点法。根据实际工作经验，对于个别场地，特别是原地异位修复场地，由于修复实施区面积大小的限制，可能会出现堆体高度过高的情况，而修复效果评估要采集网格中心的样品，常用手工钻的深度有限，为便于实际工作的开展，建议合理设置堆放高度。

（4）特别注意

广东省要求对污染土层上、下 0～0.5 m 或 0～1 m 的土壤，如未纳入效果评估监测，在修复开挖过程中应该作为疑似污染土壤进行采样检测，布点和采样要求参照对异位修复后土壤的要求进行。

如确需对筛上物附着的土壤进行采样检测，则每个采样单元不大于 500 m^3，每个单元至少采集 1 个样品。

4.2.1.3　原位修复土壤效果评估

（1）评估范围

对于原位修复，修复效果评估的范围一般主要为修复范围内部，修复过程可能造成其他区域污染而对环境和人体造成潜在风险，因此应包含二次污染区域。

（2）采样节点

原位修复后的土壤应在修复完成后进行采样。对于原位修复，修复设施的开启可能会影响周边区域，如原位电加热、原位气相抽提等，建议若需要分区域开发，则可以按照修复单元分区域开展采样。

（3）布点数量与位置

原位修复后的土壤，布点方法常见有两种方法：一种考虑横向与纵向布点，另一种修复范围参考堆体边界，前者便于工作的开展，同时能兼顾横向与纵向关注的重点，建议水平方向原则上布点密度参考基坑的布点密度。

土壤原位修复的差异性不仅受制于污染物分布与修复设施设置，也与土壤性质、水文地质情况息息相关，多种条件作用下，更需考虑其不均一性，并关注其修复薄弱区。不同修复技术需要重点关注的薄弱点见表 4-4。

表 4-4　不同修复技术需要重点关注的薄弱点

技术名称	需要重点关注的薄弱点
土壤淋洗技术	①污染土壤赋存在不同粒径的土壤颗粒中，土壤筛分洗脱的切割粒径划分影响减量化和洗脱效果。②污染物的存在形态、腐殖质影响洗脱效率。③洗脱药剂配方、洗脱停留时间、pH、固液比等工艺操控条件对洗脱结果影响大。④对于残渣态含量较高的土壤，淋洗效果差。⑤对于高浓度污染土壤，单一淋洗技术修复达标率低，需与其他工艺结合使用。⑥较高浓度的污染物浓缩至泥饼中，需后续进一步处置。⑦淋洗产生大量废水或淋洗液，处理回用或排放难度大

技术名称	需要重点关注的薄弱点
气相抽提技术	①抽提系统应用受深度限制。②需关注地下水水位及其变化情况。③对于黏土土质，污染土壤多相抽提技术较难实现。④在黏土土质中，远离抽提点的污染土壤修复后达不到修复效果。⑤抽提真空度不足时，容易导致污染物去除效率低。⑥抽提出来的污染物和水形成乳浊液，加大了废水处理难度。⑦当存在自由相或残留相不溶于水的非水相液体（NAPL）时，可能会造成土壤污染范围的扩大，特别是难以抽出重非水相液体（DNAPL）
热脱附技术	①若修复不达标，再次采用原位热脱附修复难度较大、成本高。②热脱附技术较难去除一些高沸点有机物。③热脱附时，若加热温度不够或保温时间不足，易导致修复不达标。④土壤异质性大，加热升温不均匀，导致可能存在加热薄弱区，污染物脱附受到影响。⑤加热区的边界、底部、加热中心冷点等区域损失大，影响脱附效果。⑥脱附出来的有机蒸气需要靠抽提系统去除，远离抽提井的区域污染物去除效果受到影响。⑦脱附出的土壤气体容易向上迁移至地面，冷凝后聚集在地表，再次污染土壤。⑧对于黏土中的污染物或存在 NAPL 等高浓度污染的土壤和地下水，单一原位热脱附技术处理达标比较困难。⑨系统运行过程中可能产生大量受到污染的冷凝水，需要进一步处理。⑩不同加热升温阶段抽提出的废气量和组成成分变化大，尾气处理有超标排放风险。⑪清挖过程易导致苯系物（BETX）等挥发性有机物挥发扩散
化学氧化/还原技术	①一般氧化剂对污染地块中多环芳烃（PAHs）的氧化能力较低，难以修复达标。②修复药剂与污染土壤接触的均匀性较难保证。③现有注入技术装备修复深度有限、注入泵压力有限，单孔注入修复半径较小。④在黏性土壤修复过程中易出现涌浆现象，若污染地块渗透系数较小，在注入过程中易发生井喷现象，实际注入药剂难以达到标靶位置。⑤氧化剂类型、加入方式、活化方式等因素影响污染物的去除效果。⑥渗透性较差的土层（如黏土）会使药剂传输速率减慢，影响氧化效果，易存在修复薄弱区。⑦修复药剂在不同渗透系数土层中扩散半径不同，当土层渗透性差异大时，药剂传输过程存在“优势通道”。⑧多个注入井影响半径共同覆盖的边缘区域药剂量较小，应重点关注。⑨氧化剂效果持久性不足时，易导致污染物浓度反弹。⑩氧化药剂及其强化剂、污染物氧化中间产物等可能造成二次污染
固化/稳定化技术	①原位固化/稳定化处理高含水率黏性及淤泥质土壤时，难以保证药剂与污染介质均匀混合，修复效果较差。②土壤中重金属赋存形态多样，且分布不均，易导致修复效果不理想。③对于变价重金属或类金属，固化/稳定化后，固化体存在受环境氧化/还原电位（Eh）的影响而释放的风险。④多种重金属同时存在时，部分重金属的固化/稳定化效果较差。⑤由于反应的可逆性，目标污染物可能被再次反应生成，修复效果稳定性相对不足，存在长期的污染风险。⑥对于地下水埋深较浅的污染场地及酸雨发生频次较高地区，需对系统的稳定性和浸出性（地下水）进行加密监测。⑦地质与水文地质情况、药剂配方、活化方式等对固化/稳定化结果影响大

（4）采样方法

考虑土壤原位热脱附修复方式的大规模使用及目前存在的问题，参照相关行业标准，建议样品采集可采用“热采样-冷取样”方式进行，同时应在恢复至常温后开展部分确认采样。

（5）检测指标

原位修复情景下，土壤仍在原场地，因此其检测指标即为地块调查评估和修复方案中确定的目标污染物。

在化学氧化/还原修复过程中，有可能产生二次污染物，原目标污染物的浓度被降低、风险被减小，但其二次污染物可能会带来新的风险，因此应予以关注。

土壤修复效果与土壤常规指标、运行参数等关系密切，例如，土壤原位气相抽提与土壤的渗透性和湿度、气相抽提流量、环境温度、蒸气压等相关性较大，因此相关参数的变化均可作为修复效果评估的依据。

4.2.1.4　潜在二次污染区域

参考《效果评估技术导则》和北京市、浙江省、广州市等地方效果评估导则，可能涉及的二次污染区域，包括污染土暂存区、修复设施所在区、固体废物或危险废物堆存区、运输车辆临时通道、土壤或地下水待检区、废水暂存处理区、修复过程中污染物迁移涉及的区域，以及有外来回填土的区域（图 4-4）。

运输车辆临时道路

修复设施所在区

图 4-4　土壤修复潜在二次污染区域照片

外来回填土是目前修复工程往往疏漏的内容，采用外来土壤回填的，原则上回填土应该是洁净无异味且符合项目所在地土壤环境质量要求的土壤；实际上在涉及使用外来土壤进行回填的项目中，有可能使用其他项目修复后土壤进行回填，容易引入外来污染物。关于回填土的检测在《效果评估技术导则》中未进行明确说明，在浙江省《污染地块治理修复工程效果评估技术规范》（DB33/T 2128—2018）中有部分涉及。回填现象在场地修复中是较为常见的情况，因此根据地块修复效果评估具体工作经验，以及现有各导则要求，针对采用外来土壤进行回填的，应在回填前进行检测，采样的密度可参照异位修复后土壤的效果评估要求。

4.2.2 地下水修复效果评估

（1）地下水原位修复

地下水效果评估监测井应该依据地下水的流向及污染区域地理位置进行设置，修复范围上游地下水采样点不少于 1 个，修复范围内采样点不少于 3 个，修复范围下游采样点不少于 2 个。可充分利用地块环境调查和修复过程建设的监测井，但不能利用原位修复的注入井/抽提井进行地下水效果评估采样。

当初判污染物稳定达标且地下水流场达到稳定状态时才能进入地下水修复效果评估阶段，原则上，采用修复工程运行阶段监测数据进行修复达标初判，至少需要对连续 4 个批次的样品进行修复达标初判，采样周期应涵盖地下水丰、平、枯水期，修复效果评估阶段应至少采集 8 个批次的样品，采样持续时间至少为 1 年，原则上采样频次为每季度一次，两个批次之间间隔不得少于 1 个月，但对于地下水流场变化较大的地块可适当增加采样频次。

由于地层与污染物的分布不均，部分修复后地块容易出现污染物浓度反弹的现象，另外，当高渗透层中的污染物浓度下降后，低渗透层也可能会通过反向扩散作用充当二次污染源，导致修复达标后地下水中污染物浓度出现反弹，此情况可维持数十年之久，导致地下水在短时间内达到修复目标较为困难。

（2）地下水异位修复

异位修复效果评估的方法原则上参考原位效果评估的方法，对于先行采取建设止水帷幕等可有效控制地下水污染扩散措施且将止水帷幕范围内的污染土壤一并清挖的地块，可在相关区域地下水污染负荷稳定或下降时（如止水帷幕建成发挥作用且无新增污染风险后）开展地下水修复达标初判等工作。对地下水污染抽提范围内的效果评估监测采样可参照地下水原位修复效果评估监测采样方法执行。

对抽提后完成修复的地下水，效果评估监测采样按下述方法执行。①采用序批处理方式对污染地下水进行修复时，效果评估监测采样可以每 1 个批次地下水为 1 个采样单元，进行检测评价；②采用连续处理方式对污染地下水进行修复时，可在单日施工周期内在出水口位置每 4 h 采集一个样品，制成 1 个混合样，但挥发性有机物污染地下水不建议采用混合取样。

4.2.3　风险管控效果评估

从造成风险的“污染源—途径—受体”的关键环节分析，常规修复技术致力于对污染源的削减，而风险管控技术是对污染物迁移途径的限制或切断，是对污染物迁移或暴露途径进行风险管控的措施，其管控方式并非降低或去除污染源，因此风险管控效果评估的对象和思路与修复效果评估不尽相同。

开展风险管控工程效果评估，首先是评估工程性能指标，工程性能指标根据不同的风险管控方式有所不同，如固化/稳定化评估抗压强度、阻隔设施评估阻隔性能等。对于工程性能的评判要求一般须达到设计要求，方可起到风险控制的作用，若实施过程中与设计有所不同，也应不影响预期效果。在风险管控的工程指标达到设计要求后，需要对污染物迁移的阻隔效果进行评估，一般用地下水中污染物浓度的变化进行表征，其下游的污染物浓度应保持稳定或呈下降趋势。

部分土壤和地下水污染治理技术归属于风险管控还是修复技术，目前还存在不同的理解。例如，采用固化/稳定化技术治理土壤重金属污染，重金属的总量虽然没有削减，但其价态、形态发生了改变，属于针对污染源、降低重金属释放强度的治理技术。但在不同实施条件下，固化/稳定化处理对重金属毒性、迁移性的削减是否具有长效性和不可逆性，则需要深入研究分析。又如监控自然衰减技术，包含了利用自然存在的生物降解等方式对土壤污染进行削减，但不采用工程手段进行主动干预。因此，对部分技术，很难明确为风险管控技术或是修复技术。

环境保护部 2014 年印发的《工业企业场地环境调查评估与修复工作指南（试行）》提出“当采用降低土壤中目标污染物的活性和迁移性控制其风险的固化/稳定化技术时，应根据固化体最终处置地的环境保护要求，确定其浸出浓度限值”。因此，固化/稳定化产物的浸出毒性应达到填埋场入场控制标准或处置地相关管理标准的要求，作为资源化利用的应达到相关用途管理标准的要求。《污染地块修复技术指南—固化/稳定化技术（试行）》（征求意见稿）中提出，修复效果评估工作按执行时间段可分为施工完成后的短期效果评估（1～2 年）、中期效果评估（10～30 年）和长期效果评估（实际时段一般不超过 100 年）。修复效果评估以固化/稳定化产物能有效控制污染物的释放，从而实现对地下水（或地表水）的保护为主要目标，主要评价指标包括固化/稳定化产物的物理性能（抗压强度）、渗透性能（渗透系数）和浸出毒性。特定条件下，还应评估其抗干-湿性（用试验结果进行评价）、抗冻-融性（用试验结果进行评价）、耐腐蚀性（用试验结果进行评价）和耐热性（导热与不可燃性，用实验结果进行评价）等。上海市地质学会与江苏省地质学会联合发布的《污染地块竖向阻隔效果评估技术标准》（T/SHDZ 003—2025）中首次明确将电阻率成像法（ERT）和地质雷达（GPR）运用到墙体连续性检测中，并量化阻隔有效性，提出 3 个核心指标：渗透系数≤10^{-6} cm/s、污染物截留率≥95%、墙体无裂隙。在后期监管建议中，提出制定长期监测与维护方案，要求首次评估在施工后 1 年内完成，后续每 2～5 年开展 1 次跟踪监测。

在实际操作过程中，可以通过审查相关运输清单和接收函件，审核材料用量和使用计划是否与方案一致，通过审查地块风险管控过程监理记录和监测数据，核实材料的用量、施工进度和施工方法落实情况，通过监测地下水中污染物浓度、阻隔墙的渗透性和垂直阻隔墙连续性等参数评估地下水阻隔性能。对于明确要求不允许开发利用的污染地块，通过审查隔离设施、设立的风险标识牌、定期发布的监测公告等内容，评估制度控制的落实情况。

4.3 评估标准和评估方法

4.3.1 评估标准

参考《效果评估技术导则》，北京市、浙江省、广州市等地方效果评估导则，不同评估对象的评估标准值见表 4-5。

表 4-5 不同评估对象的评估标准值

评估对象	评估标准值
基坑土壤	地块调查评估或修复方案中确定目标污染物的修复目标值
异位修复后土壤	根据其最终去向确定。 (a) 若修复后回填到原基坑，标准为修复方案中确定的修复目标值。 (b) 若外运，则应根据接收地土壤暴露情景进行风险评估来确定标准值，或采用接收地土壤背景浓度与 GB 36600 中接收地用地性质对应筛选值的较高者作为评估标准值

评估对象	评估标准值
原位修复后土壤	地块风险评估报告、修复方案中确定的修复目标值
固化/稳定化处理且回填的土壤	浸出浓度应达到接收地地下水用途对应的标准值或不会对地下水造成危害
作为固体废物处理或处置的土壤	满足处理方或处置方的接收标准
纳管排放的修复地下水	除修复方案确定的修复目标值外，还应考虑当地纳管排放标准
原位修复后地下水	修复方案中确定的修复目标值
中间产物、潜在二次污染物	根据修复方案中的可行性分析结果确定，也可参照 GB 36600 对应筛选值，或根据暴露情景进行风险评估确定标准值

4.3.2 土壤修复评估方法

（1）逐一对比法

在目前已经开展的修复效果评估工作中，通常采用逐一对比法，即将污染物检测结果与修复目标值逐个对比，若检测结果小于修复目标值，则认为场地达到修复目标；若检测结果大于修复目标值，则认为场地未达到修复目标，需进行进一步修复。在实际工作中发现，个别检测结果较高，有可能是采样区域确实仍然存在污染，也有可能是采样和实验室分析误差，而逐一对比法忽略了后者的影响，扩大了未达标点的影响。因此将检测值与修复目标进行比较时，如何区分与判断样本间差异是采样与分析误差造成的，还是采样区域确实仍然存在污染，是需要思考的问题。

采用有限采样的方法进行修复效果评估，本质上属于概率统计问题。因此，当同一效果评估单元的同一污染物平行样数量大于 4 组时，可结合 t 检验分析采样和检测过程中的误差，确定检测值与修复效果评估值的差异，若各样检测值显著低于评估标准或与评估标准差异不显著则认为评估单元达到修复效果，若某样品的检测结果显著高于评估标准，则认为未达到修复效果。

（2）统计分析法

场地污染导致的健康风险一般是指长期慢性暴露行为，对于污染面积较大的场地，应从总体上评估污染状况。在污染调查过程中，一般推荐用污染介质采样浓度的 95%置信区间上限值（upper confidence level，UCL）来反映场地土壤的总体污染水平，即当平均浓度的 95%置信上限值超过可接受风险水平时，场地需要修复，否则视场地为安全。对于污染场地修复效果评估而言，可以采用同样的方法对修复效果进行评估：若样品均值的 95%置信上限大于修复目标，则认为场地未达到修复标准。若样品均值的 95%置信上限小于等于修复目标，则认为场地达到修复标准。国外已将统计方法运用到修复效果评估中。

在实际操作过程中，应该在检测结果逐一对比分析初判的基础上，根据样品数量判断是否采用统计分析方法进行土壤修复效果评估。原则上单个基坑或单个修复范围（效果评估单元）内样品数量大于等于 8 个时，可采用统计分析法。一般采用样品均值的 95%置信上限与修复效果评估标准值进行比较，当样品均值的 95%置信上限小于等于修复效果评估标准值且样品浓度最大值不超过修复效果评估标准值的 2 倍时，则认为达到修复效果，否则认为未达到修复效果。其中，对于低于报告限的数据，用报告限数值进行统计分析；对于低于方法检出限的数据，用方法检出限的 1/2 进行统计分析。具体流程见图 4-5。

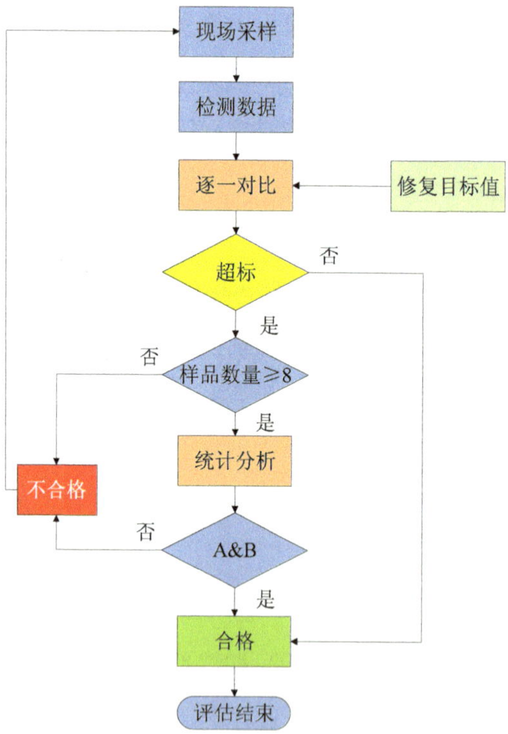

A：样品均值的 95%置信上限小于等于修复效果评估标准值；

B：样品浓度最大值不超过修复效果评估标准值的 2 倍

图 4-5 效果评估方法流程

95%置信上限一般可采用 ProUCL 4.0 进行计算，具体计算界面见图 4-6。

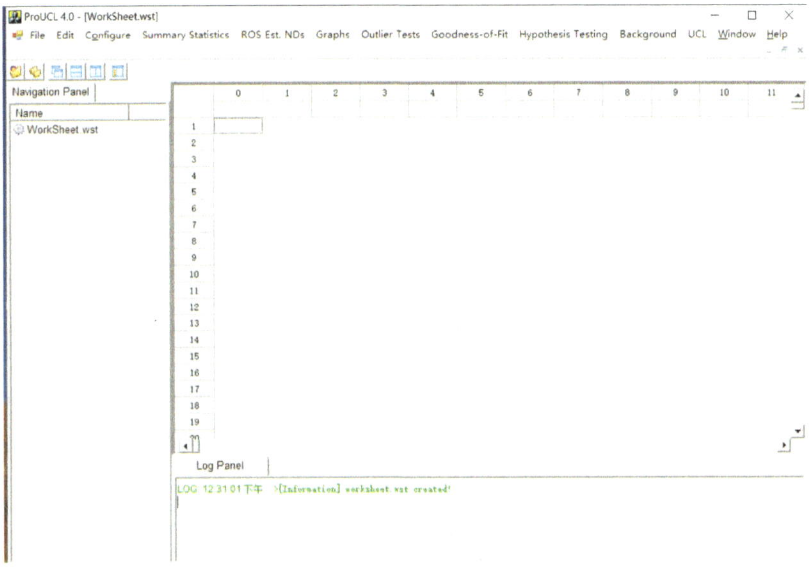

图 4-6　ProUCL 计算界面

（3）不达标的解决方案

对于未达标的土壤区域，需要进行补充治理和修复，直至效果评估达到相应标准。国内外相关导则均给出了规定，对于不达标区域的划定，有多种方法，但原理基本一样，综合考虑修复成本与进一步缩小采样修复范围所需的成本和时间，可以污染点为中心，以清洁点为界划定范围继续修复，也可以以补充采样缩小补充修复清理范围。其中，广东省规定对于单个点位修复未达标的污染土壤不超过 25 m^3 的，整个地块修复未达标土方量不超过 75 m^3 的，则可认为地块总体达到修复效果。

4.3.3　地下水修复评估方法

如果每口监测井中的检测指标均持续稳定达标，可认为地下水达到修复效果；如果地下水中污染物浓度呈稳态或下降趋势，可判断地下水达到修复效果；也可以采用地下水中污染物浓度趋势分析确定污染物浓度呈现稳态进行判断，在 95%置信水平下，若趋势线斜率显著小于 0，地下水浓度呈现下降趋势；若趋势线斜率与 0 没有显著差异，说明浓度呈现稳态。

4.4 实际操作中常见问题

4.4.1 多因素影响效果评估

回顾整个污染地块的管理流程，多个不确定性因素叠加直接影响效果评估的结果。①土壤和地下水污染本身空间异质性大，样品代表性存在不确定性因素。城市中工业企业地块受到人类活动的强烈干扰，导致土壤污染物在小尺度上都具有很强的异质性。同时，现行的采样方式对异质性较大的地块也存在点数少、样品量小的问题，当采样单元中变异较大时，容易造成样品代表性不强。②高速发展带来行业内从业单位及人员水平参差不齐。相较于大气治理、水处理等传统环境治理产业，土壤修复行业尚处于发展阶段，行业门槛低、竞争激烈、从业单位管理尚在起步阶段。《中国土壤修复咨询服务业发展报告（2019）》中的数据显示，2019 年全国土壤修复行业的 1 344 个咨询服务项目共由超千家的企事业单位承接，从业单位类型多样，其中不乏“跨界”单位。而据不完全统计，2019 年北京、广州和上海等地公布了从业单位调查评估报告通过率等信息，结果显示共计开展了 36 次报告评审，一次性通过评审的报告数量为 23 本，通过率为 63.9%，另有 3 本报告经两次评审后仍未通过。从业人员水平直接影响了全过程各环节调查评估结果的可靠性。③修复技术未有系统验证及评估体系，修复效果达标情形也有差异。我国环境技术验证评价（ETV）尚处于探索推广阶段，土壤修复领域环境技术验证基本空白。国内修复场地广泛使用水泥窑协同处置技术、异位热脱附技术以及固化/稳定化技术，原位修复技术在国内应用还较少，技术可达性以及修复装备的成熟性均会导致修复效果的不确定性。综上所述，从全过程管理的角度来看，效果评估需要给出地块是否可以达到安全利用的确定性结论，对专业性要求极高、挑战极大。

4.4.2 效果评估与后期管理的衔接还需要进一步加强

如何正确把握土壤风险管控工程退出名录的时间节点是另一大挑战。《效果评估技术导则》要求对污染地块实施风险管控或在未达到无限制使用的情况下，应开展后期管理并提出了管理要求。部分省份对于通过效果评估评审但需后续风险管控的地块严禁开发再利用，导致部分治理达标的地块无法进行再利用。总体上，违背了风险管控的初衷，也不利于风险管控措施的推广应用。2019 年 4 月 22 日，生态环境部部长信箱“关于风险管控效果评估报告评审通过后，是否可以移出名录问题的回复”，针对该问题进行了阐释：“风险管控是采取各种措施，消灭或者降低风险发生的可能性，或者降低风险发生时造成损害的程度，达到安全利用的目的，如采取阻隔措施，切断污染物的暴露途径，人群接触不到污染土壤，污染土壤对人的健康风险就会消除或降低。因此，风险管控措施能够达到安全利用的目的。然而，不是所有的风险管控均可实现安全利用。例如，通过限制进入等措施，防止人群进入污染区域，可以管控污染对人体的风险，但不能保障该地块可以安全利用。只有达到土壤污染风险评估报告确定的风险管控、修复目标且可以安全利用的地块才可以移出名录”。由此看来，通过限制人群进入的制度措施控制的地块将无法退出名录进入再开发利用程序，那么效果评估与后期管理衔接的时间节点该如何把握是一大难题。

4.4.3　易忽略残余风险

地下环境具有复杂性和异质性，现有的调查手段只能通过采集有限的样品来表征水文地质条件和污染物的分布情况，致使调查结果具有较大的不确定性。我国污染地块详细调查阶段土壤点位布设多按照每 1 600 m^2 不少于 1 个点位，重点区域多按照每 400 m^2 不少于 1 个点位，而吴鹏等（2019）的研究表明，在 2 m×2 m 范围内不同点位对地块上污染物是否超标有不同的判定结果，1 m 间距的相邻点位之间污染物的深度判定结果也不同。Jenkins 等（1997）的研究表明，不足 0.7 m 间距的样品之间浓度差异可达 19 倍。即使在扩散条件相对有利的地下水中，含水层介质的异质性也会造成污染物浓度较大的差别。

污染地块风险评估也存在一定的不确定性。风险评估模型通常假设一个地层中水文地质条件各向均质，污染物分布均匀，忽略了其异质性。在暴露评估过程中，通常采用系统默认参数，不能充分体现场地特征。挥发性有机物的暴露评估未充分考虑污染物向上迁移过程中的衰减效应等。对地下水风险评估而言，通常主要考虑地下水的饮用途径，忽视了其对地表水的影响及作为水资源的评估。

由于地层异质性对修复工程的开展具有较大的影响，大部分污染场地修复后，土壤和地下水中的特征污染物仍存在一定的残留浓度，尤其对于一些大型复杂污染场地，局部点位的残余污染物浓度甚至超过修复目标值数倍。但在实际效果评估过程中，遇到个别点位未达到修复目标，依然提倡补充修复直至达到修复目标，并未有效利用精细化风险评估技术或者统计分析方法等手段，科学评估残余风险。

4.4.4 修复技术存在一定的局限性

由于地块修复技术对污染物消除或稳定化的效率受多种因素影响，例如，多硫化钙对六价铬的还原效率主要受土壤粒径分布和团粒结构等影响，采用常规施工工艺实施一次性化学还原修复后反黄率超过 40%。为了评估固化/稳定化技术的长效性，《效果评估技术导则》提出需要采集并检测 4 个季度、4 批次的样品。在现实中，有一类情况是异位固化/稳定化修复后实施原位回填，例如，西北某铬盐厂在原址建设一般固体废物填埋场，采取一边清挖并异位修复，一边建设填埋场回填的工艺流程，由于受到场地空间和工期的限制，上述要求难以实现。

4.4.5 地下水修复工程存在难结案的情况

地下水风险管控或修复效果评估至少需要两年的时间，这给业内污染地块修复带来了极大的挑战。目前，国内大多数地下水修复项目的修复目标值设定为地下水功能目标值，但由于地下水修复技术尚不成熟，成功的工程案例不多，实现恢复地下水功能水质目标的难度较大。从污染机理来讲，污染物在水土界面上的分配是一个动态平衡的过程，受地下水水位的季节变化影响，毛细带中的污染物反复进入地下水，例如，氯代烃类污染物，在修复达标后的 1～2 年内出现反弹是一个客观存在的现象。目前，很多地下水效果评估项目很难通过评审并退出名录进入再开发利用环节。

专栏 美国加利福尼亚州“地下储油罐低风险结案政策”

加利福尼亚州水资源控制局 92-49 决议规定，地下储油罐（Underground Storage Tank，UST）泄漏污染的地下水必须在一定合理的时间内恢复至背景值水平，若其无法恢复至背景值水平，则恢复至所能达到的最佳水平。但是，由于受修复技术和经济条件的限制，地下水恢复到背景水质或相应加利福尼亚州地下水水质标准往往很难实现。大量地下水修复项目经验表明，虽然一开始地下水修复能使其得到很大程度的改善，但是当修复活动进入拖尾期后，再多时间和资源的消耗，都很难使残留污染物去除，地下水水质往往难以达到相应的标准。另外，对 UST 泄漏场地的研究表明，石油烃能够通过吸附、解吸、稀释、挥发以及生物降解作用进行自然衰减，从而降低了污染羽的迁移，减小了对人类健康与环境的威胁。综合以上两点，鉴于地下水修复在技术和经济上的困难，同时考虑地下水具有自然降解的功能特点，加利福尼亚州地下水管理部门根据过去 25 年中对 UST 泄漏场地的调查与修复经验，制定了地下储油罐“低风险结案政策”。地下水修复活动的目标是使地下水质量达到对人体健康与环境安全无影响的水平，而地下水完全恢复到背景浓度或者相关地下水质量标准，将依靠地下水中污染物的自然衰减作用。如此，既保护了人体健康和环境安全，又减少了不必要的经济浪费。

由于“低风险结案政策”相对于原有的地下水结案标准来说，有较大的变化。出于谨慎原则，目前加利福尼亚州仅用于地下储油罐泄漏造成的地下水污染，该政策不包括其他地下水污染场地，甚至不包括输油管线泄漏与地上储油罐泄漏。为了确保结案后地下水污染羽不会进一步向清洁区域扩散，污染物可以依靠自然降解作用逐渐达到相应地下水标准，该政策对污染物的组成、污染源状态等做了相关规定。“低风险结案政策”分别对地下水、土壤气和土壤中的污染物浓度标准做出了相应规定，只有同时满足 3 种标准要求，才认为该场地对人体健康风险较低，场地具备可以结案的条件：首先，要求地下水中污染羽状态稳定或逐渐衰减，一般通过在污染羽下游边缘附近地下水监测井中污染物浓度保持不变或逐渐减小的现象来判定；场地受有机污染气体入侵的风险较小，即地下储油罐泄漏场地满足所列 4 种情景之一，或风险评价结果显示场地风险满足管理部门要求，或通过政策管理或风险管控手段使污染气体入侵风险降低至不再对人体健康造成威胁；土壤中污染物浓度不会对人体和环境造成危害。

地下储油罐“低危害结案政策”的基本要求：

a. 该地下储油罐污染场地位于公共供水区内；

b. 污染物仅是石油烃产品；

c. 地下储油罐系统的泄漏已被发现和堵住；

d. 浮油已被尽可能地清理到最大限度；

e. 该污染的概念模型（含污染特征、范围、污染物的迁移性等）已完成；

f. 次生污染源已被清理到最大限度；

g. 土壤和地下水样品已测过甲基叔丁乙基醚（MTBE），其结果符合健康和安全法 25296.15 章节的要求；

h. 健康和安全法 13050 章节中提到的滋扰，该场地不存在。

结案公告发送给各相关部门，若 60 日内无异议反馈，管理部门会将该场地结案通知公示 30 日，并正式宣布该场地结案。结案后的场地无须继续监测。

4.4.6 如何开展异味评估仍处于探索阶段

从公众的角度来看，污染地块的异味扰民等问题是修复施工过程中一项最直接的挑战；从效果评估来讲，异味也是一个评估难点，尤其对于化肥厂、农药厂以及一些有机试剂厂遗留污染地块。由于其工艺复杂、合成中间体多、异味重，而且一些恶臭类重点管控物质的嗅阈值极低，如氨氮的嗅阈值远低于土壤修复目标值，有些地块修复效果虽然满足土壤污染风险评估中的修复目标，但仍存在异味。在效果评估过程中如何避免忽略土壤异味问题，目前导则中尚无相关标准。

5 后期环境管理

5.1 后期环境管理对象

美国要求污染源或地下水阻隔场地及地下水或地表水修复场地需开展运行维护、监测、制度控制、5 年回顾等后期管理，直至地块不限制使用且不限制暴露途径为止。澳大利亚要求无法达到修复目标值、修复后有残留污染物或污染物封存在原场地的地块开展长期监测与制度控制。加拿大规定风险管控场地需开展监测与制度控制，部分场地的管理可能是永久的。通过对欧美国家后期管理场地类型梳理可以看出，风险管控场地、修复周期较长的场地、修复后仍有残留污染物的场地需要开展后期管理。我国现有技术文件中涉及后期管理的具体情况见表 5-1。

风险管控地块中污染物仍留存在地块内，因此需开展后期管理。规划为二类用地，修复后土壤污染物浓度满足修复目标值但未达到 GB 36600—2018 第一类用地筛选值的，以及地下水修复后满足修复目标值但未达到 GB/T 14848—2017 中地下水使用功能对应标准值的，由于其土地和地下水资源使用受限，所以仍需开展后期管理。受地层异质性、修复不确定性、技术局限性等因素的影响，修复后土壤或地下水中污染物浓度存在反弹风险的，需开展后期管理。

结合我国污染地块治理修复实际，建议后期管理对象可包括：①实施风险管控的地块，如采用固化/稳定化、地下水垂向阻隔、水平阻隔（覆盖）等措施的地块；②修复后土壤中污染物浓度仍超过 GB 36600—2018 中第一类用地筛选值的地块；③修复后地下水中污染物浓度仍超过 GB/T 14848—2017 中地下水使用功能对应标准值的地块；④修复后易发生污染物浓度反弹的地块，如土壤六价铬稳定化、地下水抽出/处理的地块等。

表 5-1　不同技术文件中有关后期管理对象的规定

技术文件	后期管理对象的规定
《工业企业场地环境调查评估与修复工作指南（试行）》（2014 年）	选择的修复技术方案没有彻底消除污染，依赖于对土壤、地下水等的使用限制，或者使用了物理和工程控制措施的地块
《污染地块风险管控与土壤修复效果评估技术导则（试行）》（HJ 25.5—2018）	修复后土壤中污染物浓度未达到 GB 36600—2018 第一类用地筛选值的地块；实施风险管控的地块
《污染地块地下水修复和风险管控技术导则》（HJ 25.6—2019）	实施风险管控的地块
《广州市污染地块修复后环境监管工作要点（试行）》（2020 年）	①涉及采用土壤污染风险管控措施的地块。包括采用原地原位阻隔、原地异位阻隔等污染物总量未降低，或虽采取减量化技术但未降低至修复目标值以下的风险管控类地块。 ②规划用途属于 GB 36600—2018 第二类用地，土壤的污染物含量经修复后达第二类用地修复目标值但未达到第一类用地修复目标值的地块。 ③地下水中有毒有害污染物（重金属、VOCs、SVOVs 等）含量超过相应筛选值且存在不可接受的健康风险，使用原位阻隔等风险管控措施的；或有毒有害污染物含量超过筛选值但经评估认为人体健康风险可接受，无须进行治理修复的地块

5.2　工作流程与措施

我国污染地块管理技术环节包括土壤污染状况调查和土壤污染风险评估、风险管控、修复、风险管控效果评估、修复效果评估、后期管理等，且土壤污染防治法中明确要求“风险管控、修复活动完成后，需要实施后期管理的，土壤污染责任人应当按照要求实施后期管理”，基于此，综合考虑国外相关管理经验，初步提出我国后期管理的工作流程，如图 5-1 所示。

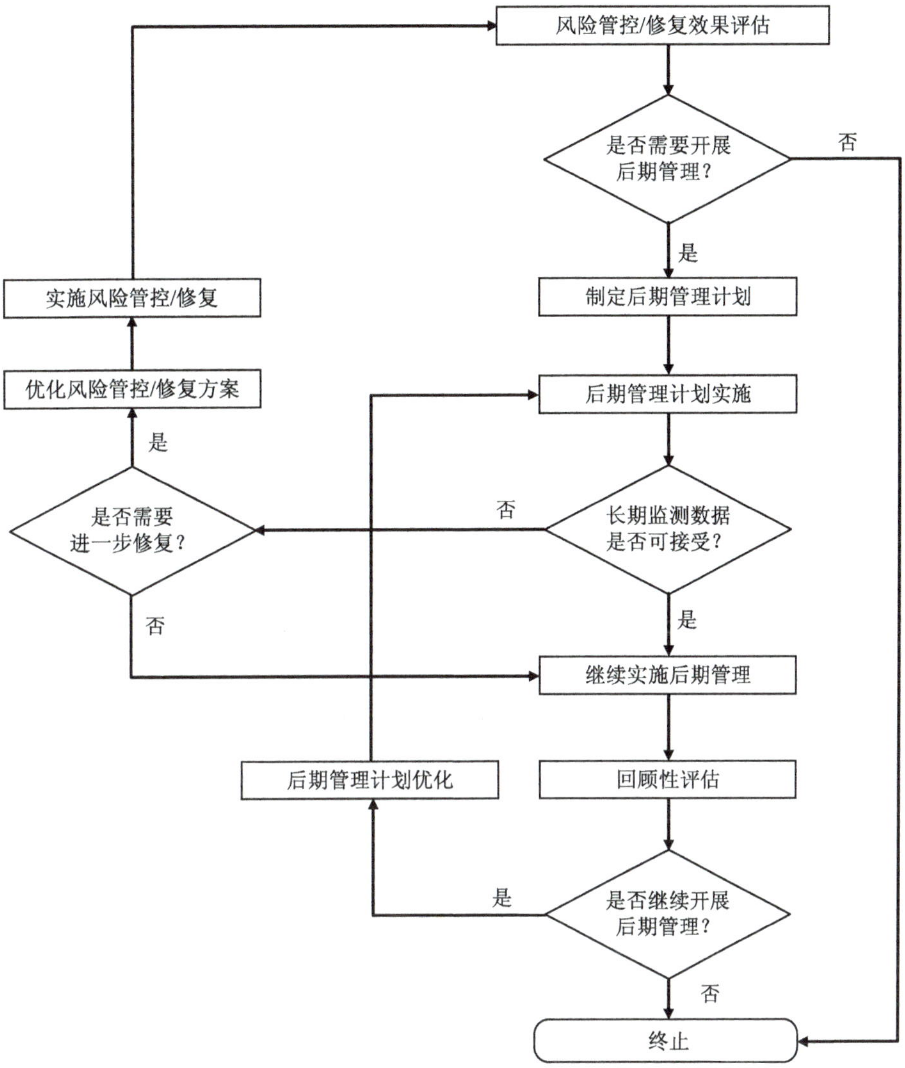

图 5-1 污染地块修复与风险管控后期管理流程

5.3 长期监测

5.3.1 长期监测对象与目的

美国国家环境保护局规定需开展长期监测的类型包括污染源与地下水围堵，如采取源控制、填埋覆盖、地下水阻隔、水力控制等措施的；地下水和地表水修复，如采取原位修复、监测自然衰减等措施的。通过长期监测，评估补救措施的有效性。位于美国南卡罗来纳州查尔斯顿海军武器站的 12 号固体废物管理区地下水受到氯代烃的污染，在污染羽下游设置一道渗透反应墙，两年后在渗透反应墙的南端监测井中发现污染物浓度上升，补充调查表明污染羽已从南侧越过渗透反应墙流入下游。澳大利亚场地修复验收后需开展长期监测的类型包括无法达到修复目标、污染物封存于场地内（例如，固化/稳定化）、修复周期较长（例如，监测自然衰减、渗透反应墙）、修复后可能存在残留污染物（例如，源处理、抽出处理）、场地有持续管理需求。长期监测的目的是确定修复后地块是否持续满足修复目标、污染羽是否扩张，另外还需监测地下水流向、可能存在的有毒副产物、新泄漏的污染物，以确保不影响下游敏感受体。借鉴国外长期监测经验，初步建议我国需开展长期监测的地块类型可包括实施风险管控的地块、修复后地下水中污染物浓度仍超过 GB/T 14848—2017 中地下水使用功能对应标准值的地块、修复后易发生污染物浓度反弹的地块。长期监测的目的主要为评估风险管控设施是否持续有效，监测地下水污染状态是否发生变化，是否会对下游造成环境风险。

5.3.2 长期监测点位设置示例

为评估风险管控设施是否持续有效，通常在紧邻风险管控设施上游、下游和两侧分别设置监测点，点位数量根据场地的水文地质条件和管控面积设置，原则上不少于 5 个，也可根据实际情况进行调整。国内常用典型土壤风险管控措施（固化/稳定化）修复后的长期监测点布设如图 5-2 所示。

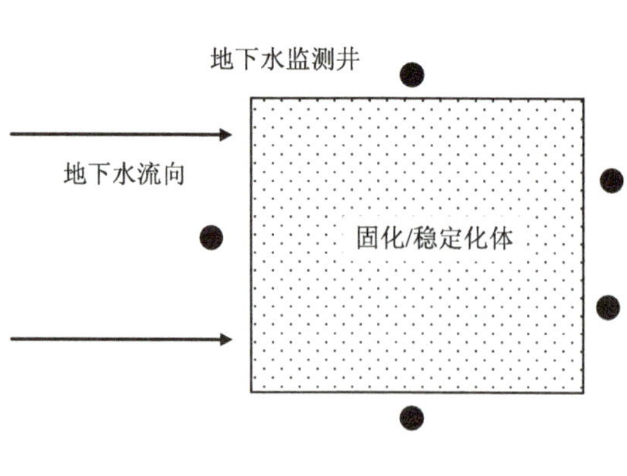

图 5-2 固化/稳定化修复后长期监测井示意图

采用地下水垂向阻隔技术的风险管控场地，地下水监测点位布设如图 5-3 和图 5-4 所示。污染羽四周设置阻隔墙的，可在上游阻隔墙及两侧阻隔墙外各设置不少于 1 个地下水监测点，下游阻隔墙外设置不少于 3 个地下水监测点（图 5-3）。仅在污染羽下游设置阻隔墙的，可在阻隔墙上游的污染羽两侧边界各设置不少于 1 个地下水监测点，阻隔墙两侧各设置不少于 1 个地下水监测点，阻隔墙下游设置不少于 2 个地下水监测点（图 5-4）。

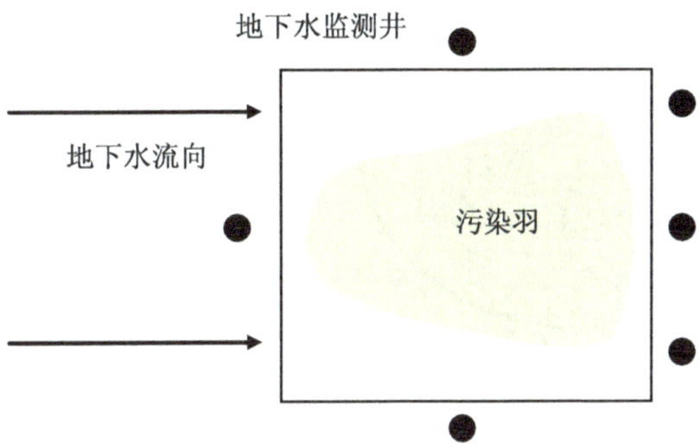

图 5-3　污染羽四周设置阻隔墙监测点位布设示意图

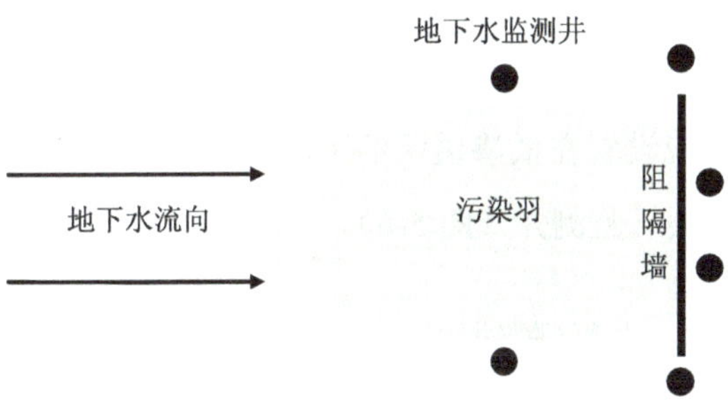

图 5-4　污染羽下游设置阻隔墙监测点位布设示意图

借鉴澳大利亚长期监测点位布设原则，监测地下水污染状态是否发生变化的点位布设如图 5-5 所示。

（Ⅰ）对照点：在污染羽上游设置 1 个或多个，提供对照数据；

（Ⅱ）污染源监测点：在污染源内部设置 1 个或多个，监测污染源组分和浓度变化；

（Ⅲ）污染羽监测点：在污染羽内部设置多个，监测污染羽组分和浓度变化；

（Ⅳ）侧向监测点：设置在污染羽两侧，监测污染羽边缘变化；

（Ⅴ）下游监测点：设置在污染羽的下游，监测污染羽向下游的迁移；

（Ⅵ）预警监测点：设置在污染羽与受体（建筑物、河流等）之间靠近受体的地方，监测受体是否会受到污染羽的影响。

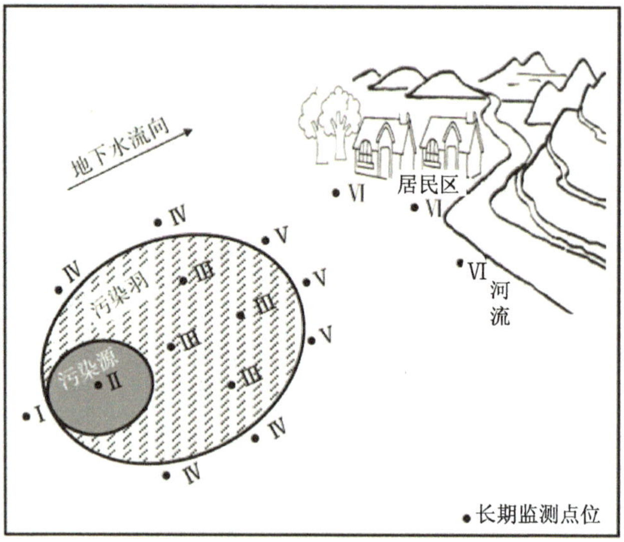

图 5-5 地下水污染羽长期监测井平面布设示意图

监测污染物浓度是否反弹，重点关注低渗透区与修复盲区。污染物与低渗透区位于含水层时，地下水监测井应设置在低渗透区的下游。若污染物具有挥发性，可在低渗透区上方的非饱和带设置土壤气监测井（图 5-6）。

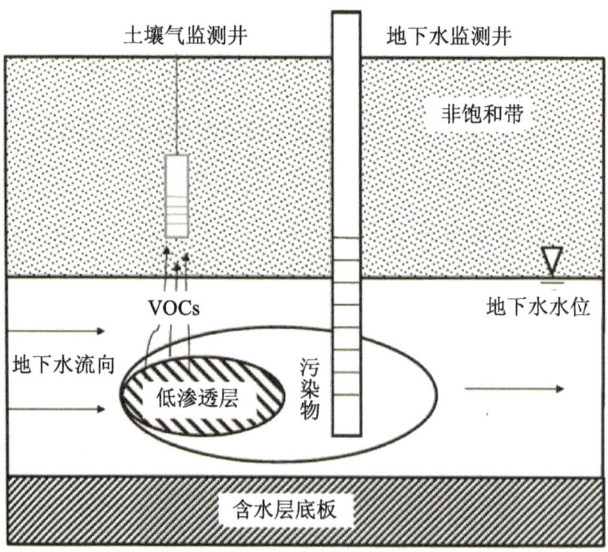

图 5-6 修复后低渗透层作为二次污染源向地下水中进行反向渗透示意图

5.3.3　长期监测指标

长期监测指标通常包括化学指标及地球化学指标等。化学指标主要指修复与风险管控的目标污染物及其可能产生的次生污染物；地球化学指标主要指 pH、矿化度、电子受体、电子供体等可能会影响污染物迁移转化的相关因素。

采用固化/稳定化措施的场地监测指标中除目标污染物，还应关注可能会对固化/稳定化稳定性造成影响的 pH 等；监测自然衰减时，除目标污染物和二次污染物，还应关注表征衰减进程的电子受体/供体和微生物指标；采用原位氧化修复的地块除目标污染物和二次污染物，还应关注重金属的浓度，尤其是氧化性敏感的重金属（如砷、镉、铬、铅等），因为随着修复的进行，氧化/还原条件发生改变或有机结合态重金属再释放，可能导致重金属可溶性增强。

5.3.4　长期监测频次与周期

长期监测频次的设定应综合考虑水文地质条件、污染物特点、自然衰减速率、受体情况以及管理部门的有关要求等。澳大利亚要求监测时间间隔不大于溶解态污染物从污染点到监测点的迁移时间，例如，污染羽边缘距离下游监测井为 100 m，污染物在地下水中的最大迁移速率为 200 m/a，那么污染羽扩散到下游监测点的时间约为 6 个月，因此，可推荐监测频次为每半年 1 次；而新泽西州则要求监测时间不应大于污染羽迁移至最近受体时间的 1/2。固化/稳定化修复后建议地下水每季度监测 1 次，监测自然衰减从初始的每年 1 次可逐渐调整到每 4 年或 8 年 1 次。

长期监测的周期目前尚无统一的规定，针对固化/稳定化修复后的场地，特拉华州要求 8 个季度的监测数据稳定达标即可终止监测；新泽西州要求至少开展 4 个季度的监测；其他很多州要求修复后每年监测 1 次，持续 3 年，以确认污染物持续低于修复目标值。

在我国，修复效果达标初判后，地下水至少满足 8 个批次且不少于 1 年的稳定达标。针对地下水修复后场地，建议可在长期监测初期阶段根据地下水丰水期与枯水期规律，每年开展 2 次地下水监测，经评估地下水浓度反弹风险较小后，可调整监测频次至每 1～2 年 1 次，直至达到 GB/T 14848—2017 中规定的地下水使用功能对应标准值为止。风险管控场地的效果评估采用一次性采样，因此，建议在长期监测初期阶段，监测频次可设为每季度开展 1 次，根据污染物浓度趋势，逐渐减少监测频次。但考虑到风险管控场地风险一直存在，且随着时间的推移，管控措施面临老化损坏风险，因此整体上风险管控场地的监测频次要大于修复后场地，建议实施长期监测直至风险管控设施不再需要。

5.4 运行维护

美国超级基金场地中被动修复的运行维护通常包括：①检查抽样记录、场地和修复设备完整性；②抽样、监测和分析；③场地维护；④编制报告。与被动修复不同，主动修复的运行维护还应增加设备的日常操作与维护。一般情况下，运行维护可以在场地内长期进行，以获得可靠监测数据，对于地下水和地表水修复场地，达到修复目标值后仍需开展运行维护，直至美国国家环境保护局批准终止。美国拉夫运河（Love Canal）场地要求每季度对排入市政管道的污水进行取样分析、定期清洗泵房与储罐、清除净化器中的污泥、维修与维护泵房与流量计、维护景观（树木、花坛、草坪等）、维护与清理围栏、维护冷暖系统、更换开关浮球、更换防回流阀、更换出入灯等。位于美国明尼苏达州德卢斯市的某钢铁工程基地焦油污染土壤采用水泥固化处理并进行表层覆盖，要求定期检查覆盖层的完整性。

我国后期管理中的运行维护主要针对风险管控设施与长期监测系统，在执行过程中根据风险管控与修复后场地特点确定运行维护的具体内容，典型运行维护活动示例见表 5-2，运行维护过程中应及时整理相关记录，定期编制运行维护报告。

表 5-2 运行维护内容

对象	运行维护内容
地面、排水系统等	定期检查排水系统、地面硬化完整情况等
具有阻隔作用的绿化带、标识牌、监控设施等	定期检查围栏、绿化带的完整性，标识牌的清晰度，监控设备是否正常使用
水平阻隔层	定期检查阻隔层的完整性，是否出现地面沉降、阻隔层破损
垂直阻隔层	定期监测阻隔墙两侧的水位等，初步判断垂直阻隔层的完整性
作为风险管控设施的空气注射、气相抽提、抽出处理等主动手段	依据实施方案启停相关设施；定期检查注气空压机、抽气泵、抽水泵、管道等；定期对出水/尾气取样分析；定期维护设施，更换耗材
地下水监测井	定期检查井管及井外保护设施完整性；定期检查地下水监测井的井深，井内出现淤积时及时进行洗井
土壤气监测井	定期检查监测井及井外保护设施完整性；定期检查监测井气密性
取样设备	定期维护抽气泵、潜水泵、气囊泵、蠕动泵、苏玛罐等采样设备
取样记录、现场影像记录、监测报告等	定期检查记录资料，核实其规范性

5.5 制度控制

制度控制通过限制地块用途、限制人类行为、限制土壤和地下水使用以及信息公开等非工程手段，有效切断污染物暴露途径，降低人体暴露风险。美国制度控制主要分为4种类型：①所有权控制：最常见的手段是地役权和合同，在土地转让时，转让双方需明确土地责任和利益相关事宜；②政府控制：利用政府权力对土地进行限制，包括限制土地使用权限、建立建筑规范和地下水标准、设立国家危险废物地块清单等，如伊利诺伊州、特拉华州和得克萨斯州均设有地下水管理区；③许可和强制控制：依托法律法规，包括命令、许可和法规，限制某些场地的使用，并确保责任人履行相关义务；④信息控制：提供修复计划相关的信息和通知，并开展国家登记、管理部门上报和公众公开，如美国拉夫运河场地划定了管制区域，要求仅能用作商用或工业用地，若要改变用途，必须通知美国国家环境保护局和纽约州环境保护管理部门，并将表层土壤换掉。

我国开展后期管理的地块均建议开展制度控制，制度控制可包含限制土地用途、限制地下水使用、禁止破坏风险管控设施的完整性、信息公开、公众参与、联动监管。

5.6 回顾性评估

美国超级基金法规定修复后地块上残留任何污染物或有害物质时需开展5年回顾。5年回顾贯穿整个修复过程中，从修复开始直到地块不再有任何使用和暴露途径的限制。

我国开展后期管理的地块，建议每年编制后期管理年度报告，报告中应包含监测数据统计、趋势分析、成因分析、制度控制实施情况、运行维护实施情况、结论与建议，每3～5年开展1次回顾性评估。回顾性评估工作过程包括资料回顾、现场踏勘、人员访谈、评估报告编制，主要从修复与风险管控措施的功能性是否仍满足设计要求，修复方案阶段设定的修复目标值是否仍然有效及是否存在其他可能预示地块失去保护性的信息3个方面来评估地块的健康风险（表5-3）。

总之，应综合考虑地块水文地质条件、污染物迁移特性、地块周边敏感受体分布以及管理部门要求等制订回顾性评估计划。后期管理过程中若突发不利状况，如洪水、火灾、地震等，则应立即启动回顾性评估。

表 5-3 回顾性评估内容

问题	具体内容
问题 A：修复或风险管控措施的功能性是否仍满足设计要求	原位修复地块上污染物浓度是否出现反弹；风险管控设施运行状况和功能是否仍符合设计要求；制度控制是否按照计划执行并达到了预期效果
问题 B：修复方案阶段设定的修复目标值是否仍然有效	是否颁布新的污染土壤或地下水相关管理文件；是否颁布新的土壤筛选值/管控值或地下水质量标准；是否颁布新的大气/地表水排放标准或室内空气质量标准；是否颁布新的风险计算方法；是否颁布新的污染物性质参数或毒性参数；是否识别出新的污染物或污染源；是否出现了不可预期的副产物；水文地质条件是否出现了新的变化（如地下水流速、流向）；土地利用方式是否发生了变化；受体是否发生了变化，是否出现了新的受体或新的暴露途径；其他可能影响修复目标值的因素
问题 C：是否存在其他可能预示地块失去保护性的信息	是否出现重大灾害，如洪水、地震、泥石流等；是否出现用地规划调整

5.7 后期环境管理的终止

由于风险管控地块内污染物一直存在，建议持续开展运行维护，确保风险管控措施的完整性与功能性；持续开展长期监测，预警风险管控设施失效、污染物泄漏；持续开展制度控制，利用非工程手段确保场地上的人类活动安全；定期开展回顾性评估，直至风险管控措施不再需要。

第三部分

典型案例研究

6 西北某铬污染场地效果评估案例研究

6.1 场地概况

场地范围包括西北某铬盐厂旧厂区和铬渣场两个地块。铬盐厂旧厂区位于县城西郊，占地面积约 60 亩[①]，未来规划为公园绿地。铬渣场位于县城东民平公路 5 km 南侧民联乡新堡村尚家洼荒山沟，占地面积约 70 亩，未来规划为林地。

6.1.1 场地调查评估结论

旧厂区和铬渣场均受到六价铬和总铬污染，旧厂区污染土方量共计 29.41 万 m^3，铬渣场有 4.44 万 m^3 表层渣土混合物和 17.09 万 m^3 污染土壤。

6.1.2 场地修复方案

6.1.2.1 修复范围及理论修复工程量

项目修复面积为 9.3 万 m^2，其中填埋场占地面积为 4.7 万 m^2。项目修复土壤量共计 509 536.49 m^3，其中铬渣场修复土壤量 215 289.41 m^3，包括污染土壤表层铬渣混合渣土 44 422.57 m^3、铬渣场深层污染土壤 170 866.84 m^3；旧厂区污染土壤 294 247.08 m^3。

具体清挖土方量见表 6-1。

---

① 1 亩=1/15 hm^2。

表 6-1 清挖土壤方量统计

<table>
<tr><th>污染区域</th><th>污染介质</th><th>土方量/m³</th><th>总计/m³</th></tr>
<tr><td>铬盐厂旧厂区</td><td>污染土壤</td><td>294 247.08</td><td rowspan="2">465 113.92</td></tr>
<tr><td rowspan="2">铬渣场</td><td>污染土壤</td><td>170 866.84</td></tr>
<tr><td>铬渣混合渣土</td><td>44 422.57</td><td>44 422.57</td></tr>
</table>

6.1.2.2 修复目标值

旧厂区基坑和侧壁清挖目标六价铬（Cr^{6+}）15 mg/kg、总铬 610 mg/kg；铬渣场基坑和侧壁清挖目标六价铬（Cr^{6+}）20 mg/kg、总铬 300 mg/kg；处理后渣土六价铬（Cr^{6+}）0.5 mg/L、总铬 1.5 mg/L，具体见表 6-2。

表 6-2 土壤修复目标值

	六价铬（Cr^{6+}）	总铬	备注
旧厂区基坑和侧壁清挖目标	15 mg/kg	610 mg/kg	
破山咀铬渣场基坑和侧壁清挖目标	20 mg/kg	300 mg/kg	
还原稳定化后土壤、湿法解毒后土壤、清洗后的大石块浸出目标	0.5 mg/L	1.5 mg/L	浸出方法:《固体废物 浸出毒性浸出方法 翻转法》（GB 5086.1—1997）

6.1.2.3 修复技术路线

本案例处置区域分别位于西北某铬盐厂旧厂区和铬渣堆场两个场地，旧厂区和铬渣场共计 50.94 万 m³ 污染土壤需要进行开挖和清运，并送至铬渣场场址集中处置。主要采用“药剂还原稳定化/湿法解毒+一般固体废物填埋场填埋”的组合修复技术，即将旧厂区、堆渣场处置区域的污染土壤进行开挖和清运，利用堆渣场清挖后产生的大坑建设一座一般工业固体废物填埋场，将旧厂区铬污染物转运至原堆渣场后，同原堆渣场深层污染土壤一起进行还原稳定化处置，原堆渣场表层铬渣混合渣土进行湿法解毒处置，经检测合格后安全填埋，并规范封场。本项目修复技术路线如图 6-1 所示。

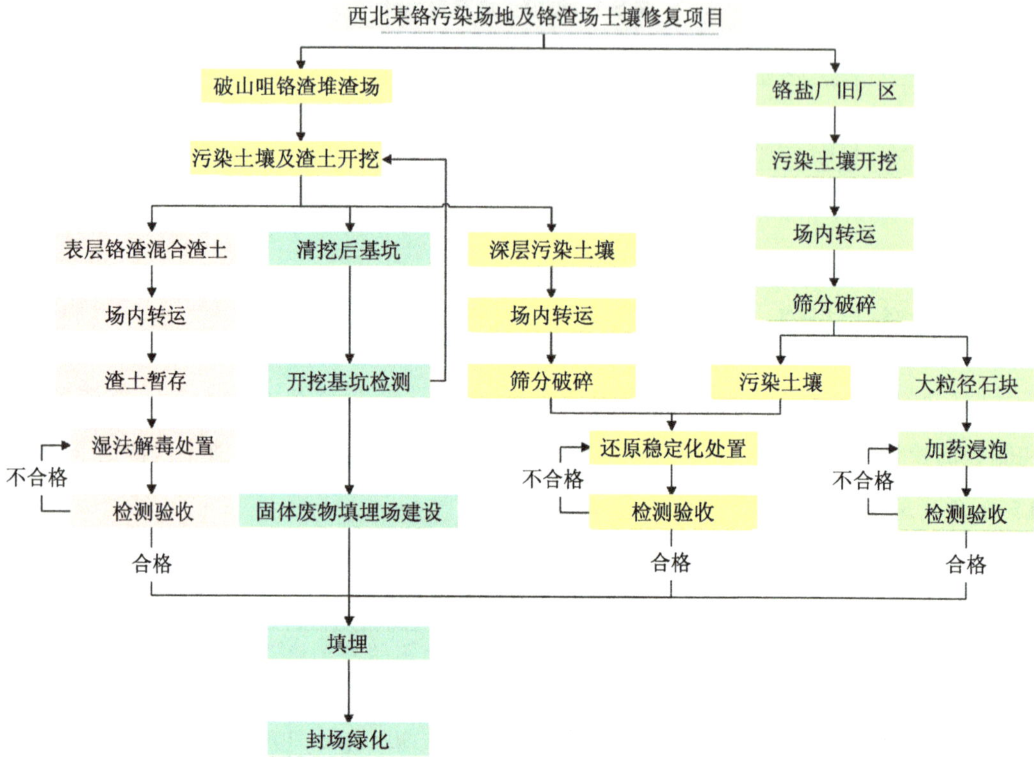

图 6-1 修复技术路线

6.2 修复施工过程

6.2.1 修复实施情况

根据修复范围进行施工场地的平面布置，采用实时动态测量（Real-Time Kinematic，RTK）进行现场放样，修复区域四周设置围挡，在开挖线范围一侧设置警示牌。土壤采用还原稳定化技术、铬渣采用湿法解毒技术、大石块采用清洗还原技术等修复合格后，回填至新建的固体废物填埋场，整个施工过程中采取了有效的二次污染控制措施。

6.2.2 二次污染防控

修复场地进行地面硬化处理，以避免土壤渗滤液下渗，采取勤洒水及使用雾炮机抑制扬尘；污染土壤堆体表面覆盖防尘布，避免雨水冲击及异味扩散；整个修复工程在封闭环境下完成；生活污水、雨水和车辆清洗废水全部回用，不外排；对噪声设备设置隔音罩等封闭、遮挡，实现降噪。整个修复过程中无二次污染事故发生。

6.3 更新地块概念模型

通过资料回顾、现场踏勘和人员访谈，以“污染源—迁移途径—潜在受体”为基本模型，以电子表格（Excel）的形式更新本地块概念模型，确保修复后本地块能满足相应的规划目标，具体如表 6-3、表 6-4 所示。

表 6-3 旧厂区更新概念模型情况

序号	名称	信息概况		
		工程施工前	工程施工后	备注
1	修复范围	设计工程量 29.43 万 m^3；关注污染物六价铬、总铬	实际清挖工程量 29.89 万 m^3；关注污染物六价铬、总铬	工程量略微有变化，属于正常范围，关注污染物无变化
2	污染源情况	29.43 万 m^3 污染土壤	无污染土壤	有变化，污染土壤全部清挖，并转运至铬渣场
3	地质与水文地质情况	①杂填土（Q4ml）； ②粉质黏土（Q4ml）； ③卵石（Q4al+pl）； ③-1 淤泥质粉质黏土（Q4al+pl）； ③-2 粉质黏土（Q4al+pl）	清挖完成基坑回填干净土，地层结构改变	有变化，自然地层变为杂填土层
4	潜在受体与周边环境变化	周边潜在受体为佛塔广场、圣天寺、环城路、洪水河、地下暗渠、水泥厂	周边潜在受体为佛塔广场、圣天寺、环城路、洪水河、地下暗渠、水泥厂	无变化
5	二次污染情况	—	施工期间环境监理单位进行了大气环境监测、噪声环境监测，监测结果显示施工期间未造成二次污染	无变化
6	规划用地	公园绿地	公园绿地	无变化

表 6-4 铬渣场更新概念模型情况

序号	名称	信息概况		
		工程施工前	工程施工后	备注
1	修复范围	设计工程量渣土 44 422.57 m^3，污染土壤 170 866.84 m^3；关注污染物六价铬、总铬	实际清挖工程量渣土 5.76 万 m^3，深层污染土壤 24.28 万 m^3，共 30.04 万 m^3；关注污染物六价铬、总铬	工程量有变化，在清挖过程中存在效果评估不合格进而扩挖的情况，导致工程量增加
2	污染源情况	17.09 万 m^3 污染土壤，4.44 万 m^3 渣土	60.16 万 m^3 处理达标后土壤，包括渣土混合物、大石块。建立了填埋场，处理合格土壤全部回填至填埋场	有变化，污染土壤全部进行解毒或者还原稳定化，并达标
3	地质与水文地质情况	①粉土（Q42eol）；②杂填土（铬渣）（Q4ml）；③粉质黏土（Q4al+pl）；④角砾（Q4al+pl）	建设固体废物填埋场，库底、侧面进行了防渗处理，周边建设了截洪沟，库面进行了封场	有变化，自然地层变为固体废物填埋场
4	潜在受体与周边环境变化	位于山谷之中，原为荒地，其东、西、南三面环山，北面为荒地	位于山谷之中，原为荒地，其东、西、南三面环山，北面为荒地	无变化
5	二次污染情况	施工现场建立了处理场，包括土壤破碎暂存筛分区、还原稳定化处理区、湿法解毒处理区、大石块处理区、养护待检区及相关配套附属区域，建设过程中采取了相应防渗措施，同时，湿法解毒车间为密闭大棚，并配有硫酸吸收塔。施工过程中进行了尾气监测，施工废水再循环用于湿法解毒，未发生外排	处理场有一定的二次污染，施工单位对二次污染区域进行了清理，消除了影响	处理场土壤有一定的污染，并已清理干净
6	规划用地	林地	林地加固体废物填埋场	无变化

6.4 效果评估

6.4.1 清挖土方量和范围

本项目实际修复工程量见表 6-5。

表 6-5 污染土壤修复工程量

序号	修复技术	技术方案修复量	实际修复量	备注
1	还原稳定化	465 113.92 m^3	523 272.56 m^3	筛分出 18 368.96 m^3 大石块
2	湿法解毒	44 422.57 m^3	57 595.32 m^3	
3	填埋场库容	设计总库容 69.4 万 m^3	实际有效库容 68.19 万 m^3	

施工单位根据实施方案及批复中确定的目标污染物、修复范围及规定的修复工艺和技术路线完成了施工工作。铬渣堆场和旧厂区地块内基坑范围及深度达到设计要求，并根据效果评估单位检测结果对超标基坑进行扩挖，直至基坑清挖合格。总体来说，最终清挖效果符合场地的清挖目标，满足后续土地利用条件。

6.4.2 修复效果评估

6.4.2.1 效果评估布点方案

6.4.2.1.1 评估范围及对象

1）西北某铬盐厂旧厂区和铬渣场，旧厂区修复面积 4.6 万 m^2，填埋场占地面积为 4.7 万 m^2，具体清挖范围分别见图 6-2 和图 6-3。

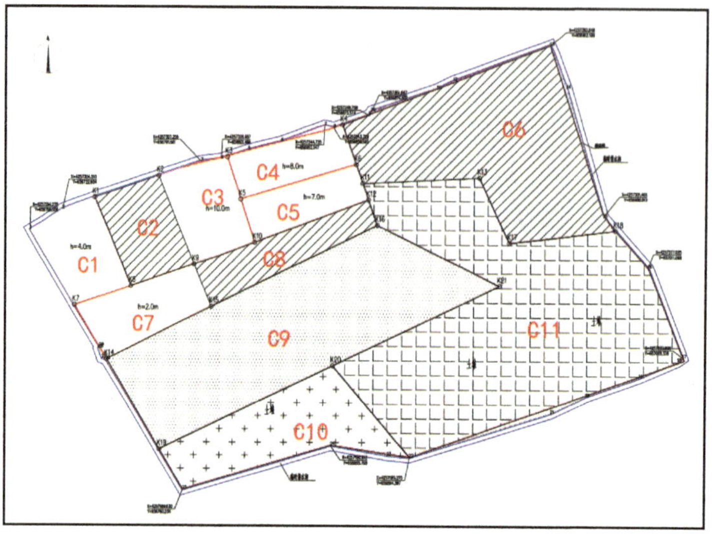

图 6-2 铬盐厂旧厂区污染土壤清挖范围

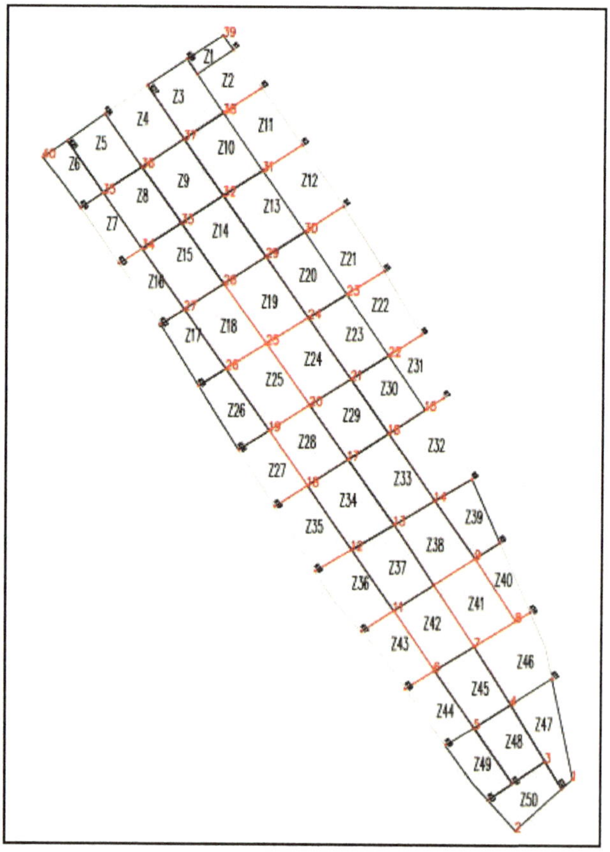

图 6-3 破山咀铬渣堆场总清挖范围

2）土壤：旧厂区污染土壤 298 873.46 m³；铬渣堆场表层渣土混合物 57 595.3 m³，深层污染土壤 242 768.26 m³；修复处理场潜在二次污染区土壤清挖修复 2 400 m³；合计污染渣土 601 637.02 m³。调查区地下水基本未被铬污染。

3）建设用于渣土、土壤和大石块填埋规范的一般工业固体废物填埋场，实际有效库容 68.19 万 m³。

4）修复工程完成后，对土壤修复期间潜在二次污染区域进行取样检测，具体包括处理场区域（土壤破碎暂存筛分区、还原稳定化处理区、湿法解毒处理区、大石块处理区、养护待检区及相关配套附属区域）、运输车辆道路旁等修复过程中可能的二次污染区域。

6.4.2.1.2 采样节点

效果评估采样节点严格按照导则规定时间节点进行，并根据实际情况分批次开展。具体见表 6-6。

表 6-6 效果评估采样节点

序号	评估对象	采样节点要求	备注	与导则相符性
1	基坑坑底和侧壁	基坑清理之后，回填之前	根据本项目具体施工情况进行分阶段验收	相符
2	处理后土壤	自验收合格后，回填之前	本项目土方量大，现场作业区域有限，根据现场修复情况分批次进行采样验收	相符
3	二次污染区域	此区域开发利用之前	由于施工进度要求，在处理场拆除前通过钻孔方式采集处理场混凝土下方的表层土壤，同时采集处理场防渗混凝土样品，检测六价铬和总铬浸出	相符

6.4.2.1.3 布点数量与位置

（1）基坑清挖效果评估布点——以铬渣场为例

基坑清挖效果评估的对象为清挖后的基坑底部与基坑侧壁。布点原则依据《效果评估技术导则》的要求布点（表 6-7）。

表 6-7 基坑底部和侧壁推荐最少采样点数量

基坑面积（x）/m^2	坑底采样点数量/个	侧壁采样点数量/个
$x<100$	2	4
$100\leqslant x<1\ 000$	3	5
$1\ 000\leqslant x<1\ 500$	4	6
$1\ 500\leqslant x<2\ 500$	5	7
$2\ 500\leqslant x<5\ 000$	6	8
$5\ 000\leqslant x<7\ 500$	7	9
$7\ 500\leqslant x<12\ 500$	8	10
$x>12\ 500$	网格大小不超过 40 m×40 m	采样点间隔不超过 40 m

基坑坑底采样单元面积不超过 1 600 m^2，每个采样单元内采集 9 个点位混合，作为一个效果评估样品。基坑侧壁采用等距离布点法，将基坑侧壁等距分为若干段，每段不大于 40 m，在纵向上，当侧壁开挖深度≤1 m 时，侧壁不进行垂向分层采样，当开挖深度大于 1 m 时，侧壁应进行垂向分层采样，其下一定距离进行分层，分层的距离不小于 1 m 且不大于 3 m。每段内每层取 9 个表层样品混合成一个样品。基坑底部与侧壁布点如图 6-4 所示。

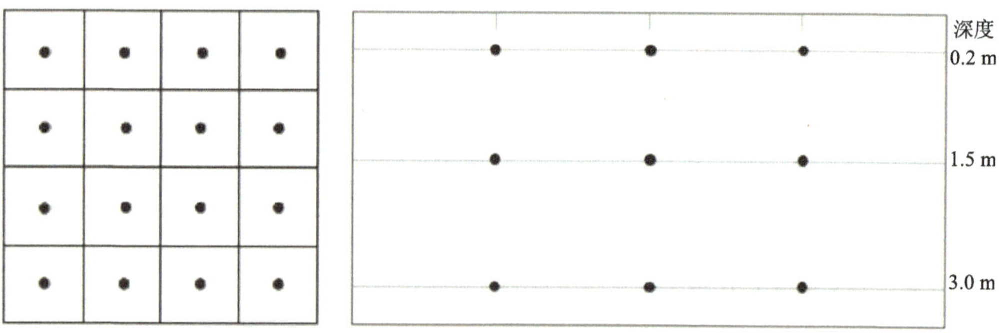

（a）基坑底部——系统布点法　　（b）基坑侧壁——等距离布点法

图 6-4 基坑底部与侧壁布点

本地块各污染分区均相连，分区之间的边界在实际基坑清挖过程中已被挖除，因此不存在基坑之间侧壁的采样，本项目基坑侧壁的采样均为原污染区域与干净区域清挖边界上侧壁的采样。在现场监理、工程监理以及施工单位见证下对旧厂区和铬渣场清挖后的基坑进行现场取样。具体取样信息见表 6-8。

表 6-8 铬渣场基坑布点总体情况

	理论上基坑布点数量/个	实际布点数量/个	是否符合导则要求
基坑底部布点	30	47	是
基坑侧壁布点	28	28	是

铬渣场基坑和侧壁。铬渣场清挖面积 4.7 万 m^2，周长约 1 120 m，基坑坑底结合施工单元划分为 47 个采样单元，每个采样单元面积不大于 1 600 m^2，每个采样单元内采集 9 点形成混合样。侧壁在水平方向上划分为 28 段，每段水平方向上长度不大于 40 m；垂向上，根据深度分层采样，不大于 1 m 在 0.5 m 处采一层；大于 1 m 小于等于 4 m 在 0.5 m 和 2.5 m 处分两层采样；大于 4 m 小于等于 7 m 在 0.5 m、2.5 m 和 5.5 m 处分三层采样，大于 7 m 小于等于 10 m 在 0.5 m、2.5 m、5.5 m、8.5 m 处分四层采样；大于 10 m 小于等于 13 m 在 0.5 m、2.5 m、5.5 m、8.5 m、11.5 m 处分四层采样，采样深度不超过开挖深度，具体现场采样根据实际情况微调。其中，3 个点位不分层采样，共布设 3 个样品，18 个点位分两层采样，共布设 36 个样品，7 个点位分三层采样，共布设 21 个样品，侧壁累计布设样品 60 个。

共计送检基坑底部样品 88 个（含复检样品 31 个，现场平行样 10 个）、侧壁土壤样品 94 个（含复检样品 8 个，现场平行样 9 个）。铬渣场基坑坑底布点情况见表 6-9 和图 6-5，铬渣场基坑侧壁布点情况见表 6-10。

表 6-9 铬渣场基坑坑底布点情况（以部分清挖区域为例）

基坑区域	采样单元	清挖区域	清挖面积/m^2	布点数量/个
铬渣场	ZC29	Z50	751.8	1
	ZC28	Z49、Z48	1 556.1	1
	ZC30	Z47	968.55	1
	ZC27	Z46	1 271.88	1
	ZC26	Z45、Z44	1 711.29	1

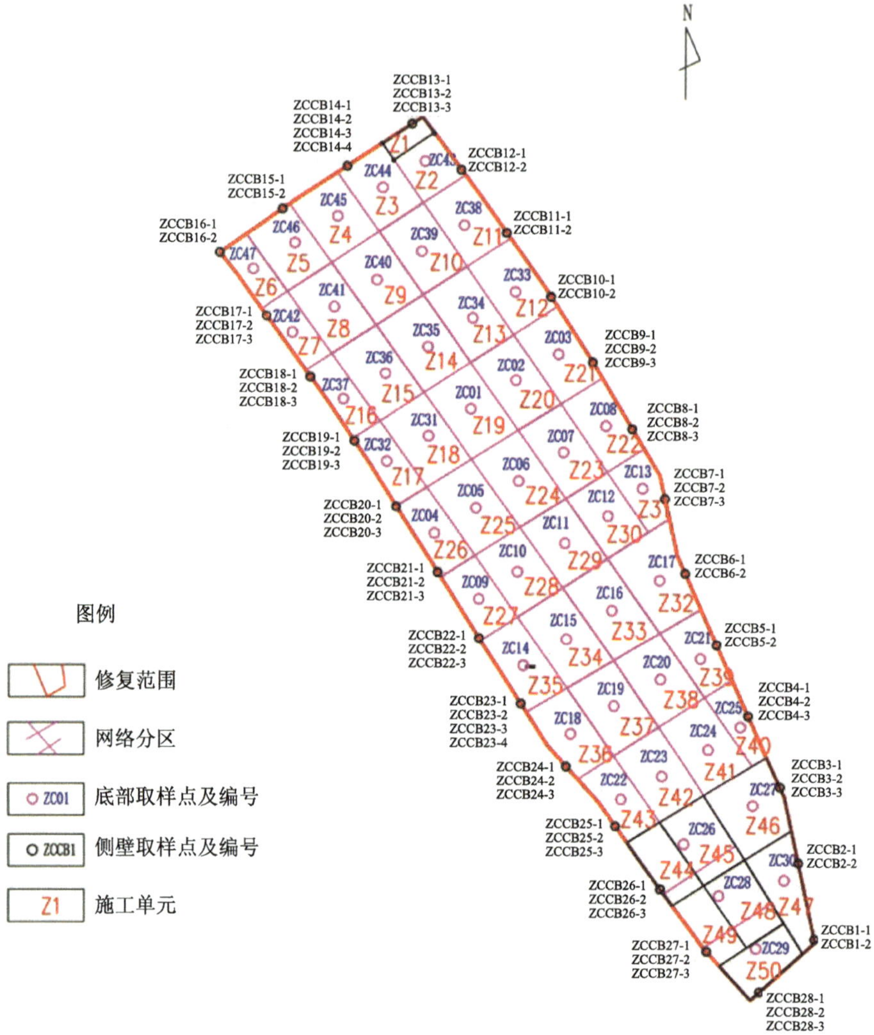

图 6-5 铬渣场基坑底部和侧壁采样点布设图

表 6-10 铬渣场基坑侧壁布点情况（以部分清挖区域为例）

基坑区域	采样段	清挖区域	设计深度/m	实际深度/m	样品数量/个	样品编号
铬渣场	ZCCB28	Z50	4.3	5	6	ZCCB28-1
						ZCCB28-2
						ZCCB28-3
	ZCCB27					ZCCB27-1
						ZCCB27-2
						ZCCB27-3

基坑区域	采样段	清挖区域	设计深度/m	实际深度/m	样品数量/个	样品编号
铬渣场	ZCCB1	Z47	2.8	3.5	4	ZCCB1-1
						ZCCB1-2
	ZCCB2					ZCCB2-1
						ZCCB2-2
	ZCCB3	Z46	3.4	4.5	3	ZCCB3-1
						ZCCB3-2
						ZCCB3-3
	ZCCB26	Z45、Z44	4.3	5.9	3	ZCCB26-1
						ZCCB26-2
						ZCCB26-3

根据实际施工情况，铬渣场基坑和侧壁分 9 个批次开展了阶段性验收工作。在实际验收取样过程中，基坑 ZC29、ZC28、ZC27、ZC26、ZC25、ZC24、ZC23、ZC22、ZC21、ZC20、ZC19、ZC18、ZC17、ZC16、ZC15、ZC14、ZC08、ZC07、ZC05、ZC04 等 20 个样品超标，侧壁 ZCCB2、ZCCB18-1、ZCCB18-2、ZCCB 18-3、ZCCB21-3、ZCCB24-1、ZCCB26-1、ZCCB27 等 8 个样品超标。根据实施方案，基坑坑底超标区域施工单位继续向下清挖 0.5 m（图 6-6），侧壁区域施工单位继续向外扩挖 0.5 m（图 6-7），自检合格后，报效果评估单位进行复核采样；如自检不合格，则进一步开展清挖工作，基坑

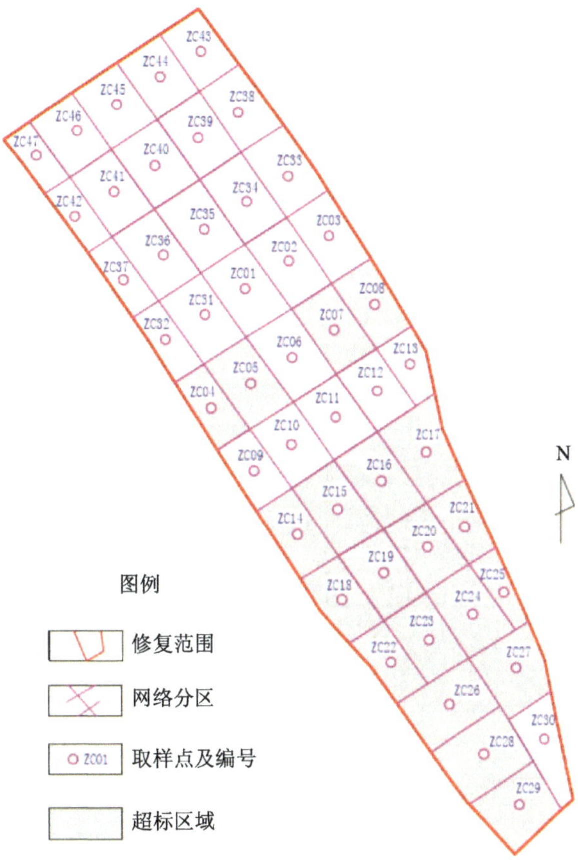

图 6-6 铬渣场基坑坑底二次采样区域

坑底超标区域施工单位继续向下清挖 0.5 m，侧壁区域施工单位继续向外扩挖 0.5 m 直至自检合格后，再报效果评估单位进行复核采样，最终所有点位代表的区域均达到合格标准。

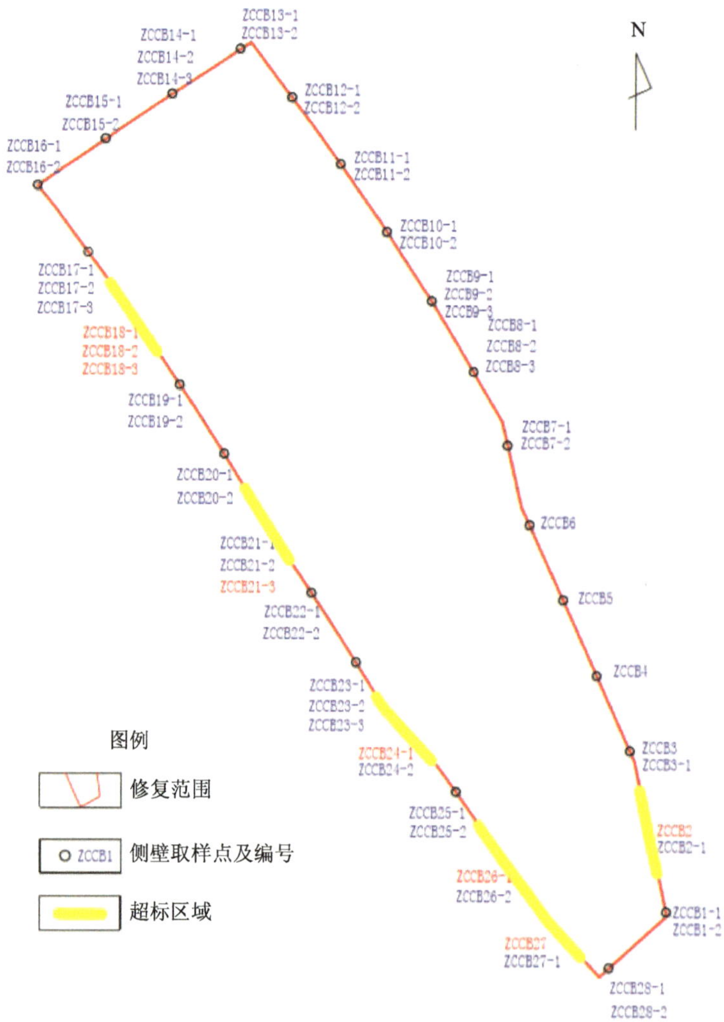

图 6-7 铬渣场基坑侧壁二次采样区域

（2）污染土壤修复效果评估布点

1）处理后土壤布点方法。将处理后的土壤/渣土/大石块进行分堆堆放，按照堆体方量大小采用网格布点法，每个网格设 1 个土壤采样点，每个样品代表堆体不超过 500 m^3

（图 6-8）。每个堆体分上下、内外采集 9 个点形成混合样，采用洛阳铲、挖机或人工挖掘的方式进行取样。

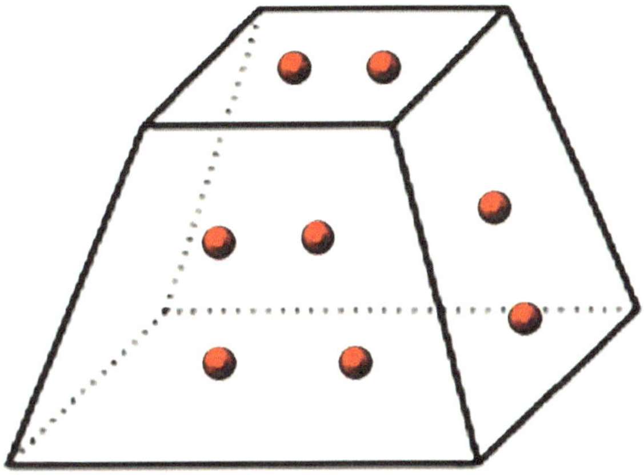

图 6-8　修复后土壤采样示意图

2）利用差变系数优化布点。《效果评估技术导则》中提出，修复后土壤原则上每个采样单元（每个样品代表的土方量）不应超过 500 m^3；也可以根据修复后土壤中污染物浓度分布特征参数技术修复差变系数，根据不同差变系数查询计算对应的推荐采样数量（表 6-11）。

表 6-11　修复后土壤最少采样点数量

差变系数	采样单元面积/m^3
0.05～0.2	100
0.2～0.4	300
0.4～0.6	500
0.6～0.8	800
0.8～1.0	1 000

变差系数是指“修复后地块污染物平均浓度与修复目标值的差异”与“估计标准差的比值”，用 τ 表示。差异越大、估计标准差越小，则变差系数越大，所需样本量越小。可应用到修复后土壤的布点数量上（图 6-9）。

Normal UCL Statistics for Full Data Sets

User Selected Options

From File	WorkSheet.wst
Full Precision	OFF
Confidence Coefficient	95%

CO

Number of Valid Observations	74
Number of Distinct Observations	6
Minimum	0.004
Maximum	0.69
Mean	0.0171
Median	0.004
SD	0.0815
Variance	0.00664
Coefficient of Variation	4.756
Skewness	7.971
Lilliefors Test Statistic	0.496

图 6-9 标准偏差和总体均值的计算情况

利用本项目前三批次固化/稳定化后土壤六价铬浸出检测结果（共 74 个样品）计算差变系数：

本项目六价铬修复目标值 C_s=0.5；总体均值 μ_1=0.017 1；标准偏差σ=0.081 5。

$$\tau=\frac{C_s-\mu_1}{\sigma}=\frac{0.5-0.0171}{0.0815}=5.93$$

计算结果 τ=5.93＞1，因此，本项目还原稳定化后土壤可由 500 m^3 一个样品优化为 1 000 m^3 一个样品。

（3）潜在二次污染区域效果评估布点

根据现场踏勘并结合场地实际情况，识别以下区域为潜在二次污染区域：处理场区域，包括土壤破碎暂存筛分区、还原稳定化处理区、湿法解毒处理区、大石块处理区、养护待检区及相关配套附属区域、防渗混凝土、主要运输道路以及办公区。

1）处理场布点情况。本处理场包括土壤破碎暂存筛分区、还原稳定化处理区、湿法解毒处理区、大石块处理区、养护待检区及相关配套附属区域，位于铬渣场场地北侧区域。根据现场实际情况，处理场面积 16 000 m^2，其中污染土壤暂存区面积 2 000 m^2，还原稳定化区面积 2 000 m^2，湿法解毒处理面积 4 000 m^2，大石块清洗还原区面积 4 000 m^2，养护待检区（渣土和还原稳定化土壤）4 000 m^2，以及四周围堰、排水沟和集水坑。处理场作为一个整体，按照网格布点法进行布点，同时结合不同功能区，每个功能区均布设点位。具体见表 6-12 和图 6-10。

同时，处理场铺设的防渗混凝土位于整个处理场上层，会接触到污染土壤。为了验证防渗混凝土未受到污染，按照 1 个点位（不大于 500 m^3）采集 7 个混凝土样品，检测六价铬和总铬的浸出。

表 6-12 处理场布点情况一览表

采样时间	采样区域	采样点编号	采样点坐标信息		采样深度/m	检测指标
			北纬/（°）	东经/（°）		
2020 年 9 月 9 日	大石块清洗还原区	CLC01	100.874 395	38.457 107	0.2	六价铬和总铬总量
		CLC02	100.874 132	38.457 404		
		CLC03	100.873 811	38.457 197		
	养护待检区	CLC04	100.874 004	38.456 712		
		CLC05	100.873 287	38.456 826		
		CLC05-P	100.873 287	38.456 826		
		CLC06	100.873 561	38.456 557		
	湿法解毒区	CLC07	100.873 858	38.456 463		
		CLC08	100.874 178	38.456 039		
		CLC09	100.874 183	38.456 222		
	污染土壤筛分破碎区	CLC10	100.874 464	38.456 384		
		CLC10-P	100.874 464	38.456 384		
		CLC11	100.874 745	38.456 349		
		CLC12	100.874 794	38.456 530		
	还原稳定化区	CLC13	100.874 432	38.456 546		
		CLC14	100.874 276	38.456 594		
		CLC15	100.874 674	38.456 796		
	排水沟	CLC16	100.873 333	38.457 129		
	集水坑	CLC17	100.873 201	38.457 159		
	围堰	CLC18	100.874 577	38.457 007		
		CLC18-P	100.874 577	38.457 007		
	办公室前	CLC19	100.873 922	38.457 895		

采样时间	采样区域	采样点编号	采样点坐标信息		采样深度/m	检测指标
			北纬/（°）	东经/（°）		
2020年9月9日	处理场混凝土	HNT01	100.874 132	38.457 404	破碎混凝土	六价铬和总铬浸出
		HNT02	100.873 973	38.456 724		
		HNT03	100.873 561	38.456 557		
		HNT04	100.874 178	38.456 039		
		HNT05	100.874 464	38.456 384		
		HNT05-P	100.874 464	38.456 384		
		HNT06	100.874 794	38.456 530		
		HNT07	100.874 276	38.456 594		

图 6-10　处理场二次污染布点情况

2）污染土壤运输道路。旧厂区污染土壤清挖后均转运至铬渣场进行处理，在污染土壤转运路线，即从旧厂区到铬渣场方向运输道路旁根据判断布点法共布设 7 个点位，具体见表 6-13 和图 6-11。

表 6-13　运输道路旁布点情况一览表

采样时间	采样区域	采样点编号	采样点坐标信息		采样深度/m	检测指标
			北纬/（°）	东经/（°）		
2020 年 8 月 26 日	运输道路旁	EC1	38.458 832	100.873 016	0.2	六价铬和总铬总量
		EC2	38.460 962	100.871 324		
		EC3	38.454 338	100.850 905		
		EC4	38.444 520	100.832 959		
		EC5	38.448 723	100.813 603		
		EC6	38.445 240	100.791 698		
		EC7	38.435 306	100.799 477		

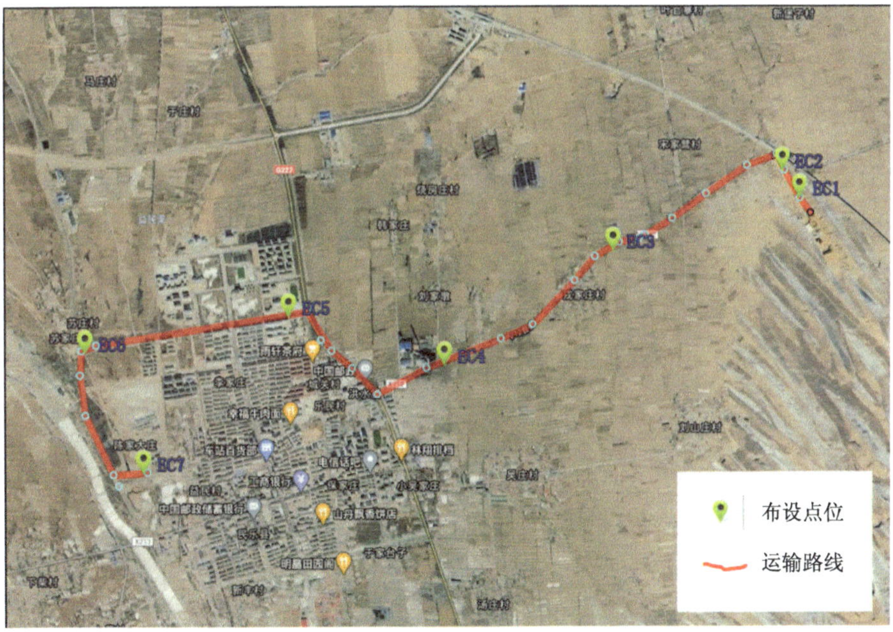

图 6-11　铬盐厂旧厂区污染土壤运输路线

3）回填土布点。本项目填埋场建设过程中清挖出来的干净土方除用于填埋场库底和边坡平整回填、挡渣坝修筑以及填埋场封场覆土外，多余的干净土壤转运至旧厂区基坑回填。旧厂区基坑回填除施工单位转运的铬渣堆场清挖出来的干净土方外，另有其他回填的土方。

为确认旧厂区回填土方满足旧厂区用地标准要求，对铬渣堆场干净土方和转运的土方进行了取样检测分析，其中，铬渣场干净土按照来源随机采集 10 个样品，其他回填土壤按照来源采集 15 个样品，共计 25 个样品。鉴于铬渣场从未进行过生产，仅堆放过铬渣，因此检测项目不考虑有机污染指标，只考虑土壤重金属背景值及六价铬的含量，检测指标为 pH 和汞、砷、铬、铜、镍、铅、锌、镉 8 种重金属以及六价铬。

4）固体废物填埋场效果评估方法。通过现场踏勘、人员访谈以及收集工程监理报告、工程施工日志、环境监理报告、市环境监测站数据、竣工报告以及施工材料等过程资料进行分析评估。由于填埋场所在位置地下水埋深达 200 m 以上，不新建地下水监测井。

6.4.2.1.4 检测指标

根据风险评估报告，本项目污染土壤检测指标为六价铬和总铬，潜在二次污染区检测参考上述污染物。回填土由于部分来自其他回填土壤，检测项目在六价铬和总铬的基础上，增测 GB 36600 中部分基本项目，包括 Hg、As、Cu、Ni、Pb、Zn 和 Cd。

6.4.2.1.5 效果评估标准

根据实施方案，本项目土壤评估标准值为修复目标值，二次污染区（处理场、办公区）位于铬渣场旁边，参考铬渣场的修复目标值，二次污染区（转运道路）参考旧厂区和铬渣场清挖标准中较严格的值，处理场混凝土参考清洗后大石块的浸出目标。具体见表 6-14。

表 6-14 土壤修复目标值

	六价铬（Cr^{6+}）	总铬	备注
铬盐厂旧厂区基坑和侧壁清挖目标	15 mg/kg	610 mg/kg	
破山咀铬渣堆场基坑和侧壁清挖目标	20 mg/kg	300 mg/kg	
还原稳定化后的土壤、湿法解毒后的土壤、清洗后的大石块浸出目标	0.5 mg/L	1.5 mg/L	浸出方法：《固体废物 浸出毒性浸出方法 翻转法》（GB 5086.1—1997）
二次污染区（处理场、办公区）	20 mg/kg	300 mg/kg	
二次污染区（转运道路旁）	15 mg/kg	300 mg/kg	
二次污染区（处理场混凝土）	0.5 mg/L	1.5 mg/L	浸出方法：《固体废物 浸出毒性浸出方法 翻转法》（GB 5086.1—1997）

本项目旧厂区用地规划为公园绿地，属于一类用地，回填至旧厂区回填土执行《土壤环境质量 建设用地土壤污染风险管控标准（试行）》（GB 36600—2018）第一类用地筛选值；铬渣堆场用地规划为林地，回填至填埋场的回填土执行《土壤环境质量 农用地土壤污染风险管控标准（试行）》（GB 15618—2018）中林业用地的土壤筛选值，具体见表 6-15。

表 6-15 回填土评估标准值 单位：mg/kg

序号	污染物种类	旧厂区评估标准值	铬渣场评估标准值
1	汞	8	3.4
2	砷	20	25
3	镉	20	0.6
4	铬（六价）	3	—
5	铜	2 000	100
6	铅	400	800
7	镍	150	190
8	铬	610（修复目标）	250
9	锌	—	300

6.4.2.2 效果评估方法

（1）基坑清理效果评估

逐点与本场地土壤中污染物修复目标值进行比较。若小于修复目标浓度，则无须进一步清挖；若大于修复目标浓度，则继续清挖，直至基坑底部与侧壁的土壤污染物浓度均小于修复目标浓度为止。

（2）处理后土壤效果评估

在检测结果逐一对比分析初判的基础上，根据样品数量采用逐一对比或统计分析的方法进行土壤修复效果评估。

1）当样品数量<8 个时，应将样品检测值与修复效果评估标准值逐个对比，若样品检测值小于或等于修复效果评估标准值，则认为达到修复效果，若样品检测值高于修复效果评估标准值，则认为未达到修复效果；

2）当样品数量≥8 个时，采用统计分析方法进行修复效果评估，一般采用样品均值的 95%置信上限与修复效果评估标准值进行比较，当样品均值的 95%置信上限小于等于修复效果评估标准值且样品浓度最大值不超过修复效果评估标准值的 2 倍时，则认为达到修复效果，否则认为未达到修复效果。

评估工作流程具体见图 4-5。95%置信上限采用 ProUCL 4.0 进行计算，具体计算界面见图 4-6。

（3）潜在二次污染区

采用逐点法与本场地土壤中污染物修复目标值进行比较。若小于修复目标浓度，则说明没有产生土壤二次污染；若大于修复目标浓度，则说明产生了土壤二次污染，需要对其进行修复，直至土壤中污染物的浓度均小于修复目标浓度为止。

6.4.2.3 检测结果分析

（1）逐一对比法

根据技术导则，基坑、侧壁、回填土以及二次污染区域效果评估采取逐一对比法。基坑和侧壁样品的检测值低于修复目标值，说明基坑和侧壁达到清挖效果，未达到修复效果的点位，施工单位二次清挖直至土壤中检测值低于修复目标值，所有基坑均达到清挖效果。

回填土中目标污染物检测结果同时低于场地清理目标、第一类用地土壤污染风险筛选值，以及农用地土壤污染风险筛选值，表明回填土未带来二次污染，符合场地需求。

二次污染区域土壤样品检测结果经逐个对比，3 个样品超过了修复目标值，施工单位对每个样品所代表的 1 600 m^2 区域向下清挖 0.5 m，共清挖污染土壤 2 400 m^3，清挖后土壤采用还原稳定化技术进行了修复。随后效果评估单位对不合格区域以及还原稳定化后土壤进行了二次采样及效果评估，共采集 4 个土壤表层（0～20 cm）样品（含 1 个平行样）和 6 个还原稳定化后土壤样品（不超过 500 m^3 采一个样，含 1 个平行样）。结果显示，所有样品均合格，且还原稳定化合格后的土壤回填至填埋场，消除了施工过程中产生的二次污染。

（2）统计分析方法示例展示

根据还原稳定化、湿法解毒、大石块清洗等现场处理，以及暂存面积等情况，效果评估单位分批次对处理后土壤或者大石块开展效果评估采样和验收工作。同一批次内检测结果，探索采用统计分析方法进行评估，效果评估合格后土壤回填至固体废物填埋场。

示例：以前五批次还原稳定化土壤效果评估为例，每一批次根据修复土方量确定采样数量，并保证采集10%以上的平行样品。检测结果先逐一与修复目标值进行对比（表6-16），如果有不合格样品，利用同一批次样品检测值计算95%UCL值，进行综合评估（表6-17、图6-12），如果采用95% UCL值进行评估仍然不合格，施工单位需要开展二次修复，直至土壤中污染物浓度低于修复目标值。

表6-16　修复后土壤效果评估整体情况

处理批次	土方量/m^3	取样日期	取样数量/个	平行样	不合格样品数	二次取样日期	评价结果
第1批	3 500	2019.5.10	7	1	—	—	合格
第2批	12 000	2019.6.12	24	2	—	—	合格
第3批	18 000	2019.6.21	36	4	1	—	合格 95% UCL
第4批	40 000	2019.7.06	80	8	—	—	合格
第5批	20 000	2019.7.27	40	4	—	—	合格

表6-17　利用95% UCL置信上限评价情况

超标批次	同一批次样品数	超标编号	六价铬/（mg/L）	95% UCL值	目标值/（mg/L）	2倍目标值/（mg/L）	评价结果
第3批次	40	WDT32	0.690	0.107	0.5	1	合格

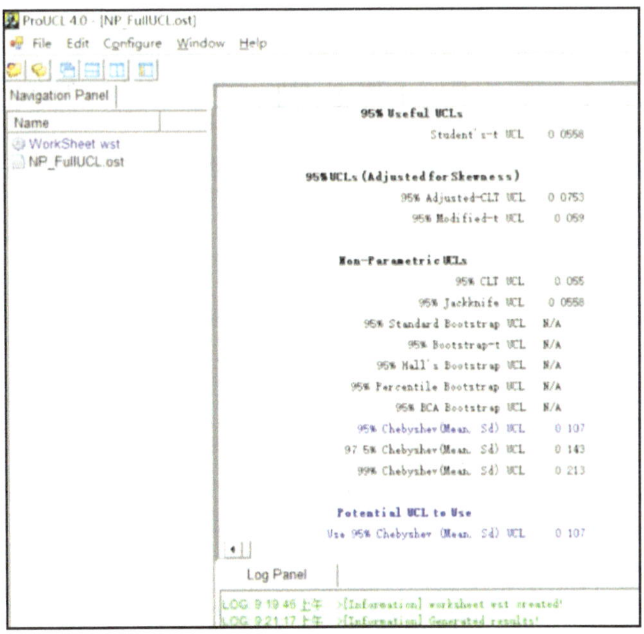

图6-12　利用ProUCL软件计算95%置信上限截图

6.4.2.4 修复效果长效性监测

（1）污染土修复效果长效性检测

为了确保污染土壤修复的长效性，针对修复后污染土壤进行了六价铬浸出浓度的长期监测，以探究土壤中六价铬的长期去除效果。在现场取重度、中度和轻度铬污染土壤进行浸出试验，浸出液中六价铬含量分别为 80～150 mg/L、40～80 mg/L、10～40 mg/L。在该 3 批土壤修复完成后取样对处理效果进行长期监测，研究修复药剂对土壤中六价铬的长效还原作用，分别在修复后的第 4 天、第 14 天、第 27 天、第 57 天、第 117 天、第 187 天、第 245 天、第 305 天、第 365 天和第 540 天进行六价铬浓度的检测，检测结果如图 6-13 所示。

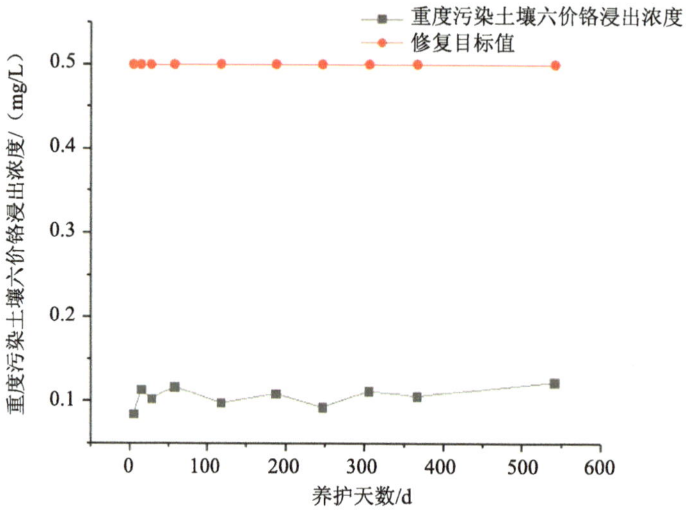

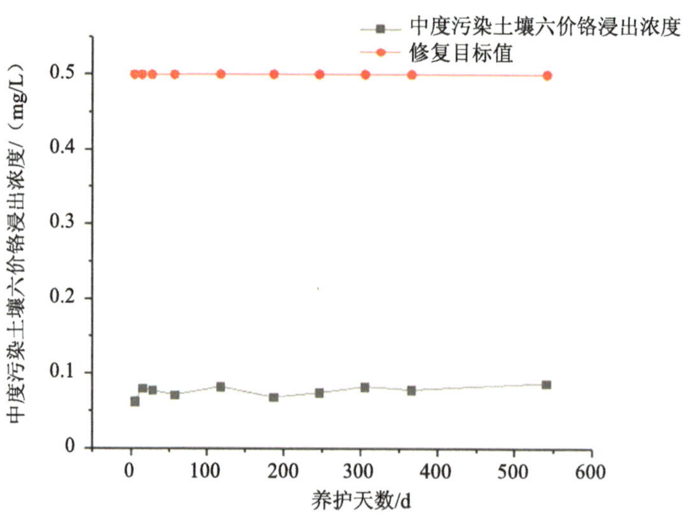

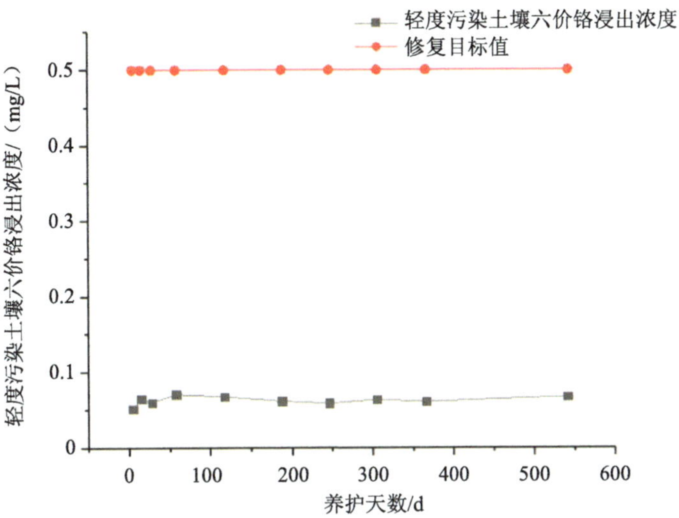

图 6-13　污染土壤修复效果长效性检测

从长期监测的数据来看，随着时间的增加，土壤中六价铬浸出浓度始终保持稳定，无反弹现象出现，说明过量的还原剂有利于保持还原稳定化的长期效果。同时，修复后土壤在效果评估检测达标后，应尽快进行阻隔填埋，隔绝空气氧化对修复后土壤的不利影响。

（2）渣土混合物修复效果长效性监测

为了确保湿法解毒后渣土混合物修复效果的长效性，对湿法解毒后渣土混合物取样进行长期监测，分别于 2019 年 8 月、9 月、10 月采集长期监测的解毒后样品，在湿法解毒后的第 3 天、第 14 天、第 30 天、第 60 天、第 120 天、第 180 天、第 240 天、第 300 天进行渣土混合物六价铬浓度的检测，检测结果如图 6-14 所示。

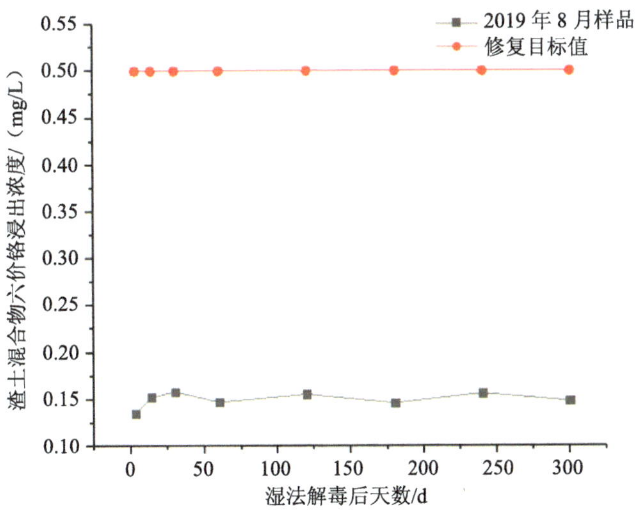

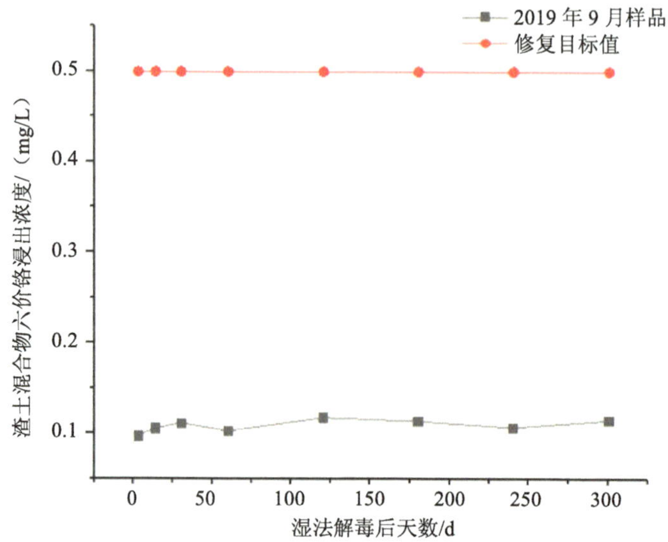

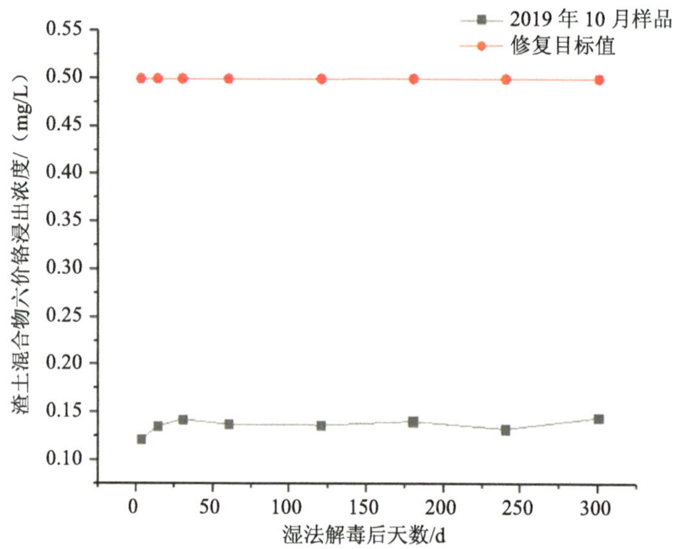

图 6-14　渣土混合物修复效果长效性检测

根据已有的长期监测数据，湿法解毒处理渣土混合物较为彻底，六价铬浸出浓度随时间增加无明显反弹现象。

（3）效果评估验证性采样

在施工过程中，对效果评估合格，并回填至垃圾填埋场的土壤开展了验证性采样作业，随机布设并采集土壤混合样品 7 个（含 1 个平行样）。检测指标包括六价铬和总铬浸出，检测结果详见表 6-18。经逐个对比，所有样品的检测值均低于修复目标值，未出现反弹现象。

表 6-18 验证性检测结果

土壤编号	六价铬/（mg/L）	总铬/（μg/L）	评价结果
Q2-WDT-01	ND	15.6	合格
Q2-WDT-02	ND	5	合格
Q2-WDT-03	ND	4.9	合格
Q2-WDT-04	ND	23.8	合格
Q2-WDT-05	ND	4.2	合格
Q2-WDT-05-P	ND	4.2	合格
Q2-WDT-06	ND	3.7	合格
验收标准	0.5	1 500	

注：ND 为未检出。

6.4.2.5 修复效果评估小结

本次场地修复效果评估工作按照效果评估技术导则以及布点方案，针对旧厂区和铬渣场清挖后的基坑、异位修复后的土壤、铬渣以及大石块、潜在二次污染区分别进行了布点采样、检测分析及效果评估工作，评估过程中施工单位对评估不合格的区域或土方进行清理、处置，环境监理单位严格执行环境监理各项制度要求。

经分析评估，该铬盐厂旧厂区铬污染场地及铬渣场修复工程中涉及的旧厂区和铬渣场清挖后的基坑、异位修复后的土壤、铬渣以及大石块、潜在二次污染区均已达到修复效果评估要求，整个修复工程二次污染防控措施到位，符合防控预期要求。

6.5 结论与建议

6.5.1 结论

通过对地块相关文件进行梳理，查阅项目实施过程中施工单位、监理单位的实施方案、竣工报告、监理验收报告以及过程管理资料、各方工作总结报告等文件，并经现场踏勘、人员访谈以及修复效果评估，得出如下结论：该场地清挖效果达到目标要求，土壤及渣土混合物修复效果达到目标要求，最终的合格土壤及渣土混合物在新建固体废物填埋场进行了填埋，且施工过程未对周围环境造成二次污染问题。该工程修复效果评估合格。

6.5.2 后期监管建议

1）本项目稳定化修复的总铬和六价铬污染土壤达到设定的修复目标后，全部回填至新建填埋场，土壤中铬并非彻底去除，根据《污染地块风险管控和土壤修复效果评估技术导则》(HJ 25.5—2018)，应开展长期监测。鉴于填埋场所在地地下水埋深在150～300 m，不设置地下水监测井，应对填埋场上游村落上翟寨村地下水井和下游村落（最近处距离填埋场2 km）两口地下水井进行长期监测，包括顾寨村地下水井、叶官村地下水井。检测指标为六价铬浓度和硫酸根离子，评价标准参考GB/T 14848—2017 Ⅲ类标准。监测频率设定为竣工验收后第一年每季度测一次，第二年每半年测一次，前3～5年每一年测一次。若出现超标情况，增加监测频次，进一步排查污染来源。同时，定期察看是否有渗滤液产生，如产生应及时转运至污水处理厂进行处理。

2）由于固体废物填埋场防渗材料高密度聚乙烯（HDPE）土工膜等材料的柔软性，填埋场后期管理单位需根据施工单位移交的位置资料做好填埋场防渗层的保护。建议在填埋场四周设置隔离防护，进出口设立项目告示牌，严禁对阻隔填埋场进行开挖、钻探等作业，避免对阻隔填埋区防渗结构造成破坏。同时，做好对填埋场四周截洪沟、临时道路、马道及封场绿化等基础设施的日常维护。后期土地发生流转时，阻隔填埋区的资料应进行交接，土地使用者应遵循资料的要求对阻隔填埋场进行保护。

7 南方某重金属和有机复合污染地块异位修复效果评估案例研究

7.1 场地概况

修复地块总面积为 158 834.6 m^2，在 1998 年前主要为菜地、稻田和鱼塘，以种植蔬菜、水稻和养殖淡水鱼虾为主；从 1998 年后，开始作为长途货运站进行建设，建有货运仓库 19 个并逐步投入使用。自 2000 年前后租赁后作为普通货运中转站经营使用至 2020 年 5 月。根据市委、市政府发展思路的精神要求，该地块不再用作货运业务，于 2021 年 5 月底开始逐步对地块范围内的租户进行清退以及违章建（构）筑物拆除，截至调查前，建（构）筑物均已拆除，修复地块拟由货运交通用地调整为居住用地（R2）、产业用地（B29）、公共交通站场用地兼容防护绿地（S41/G2）等。

7.1.1 场地环境调查评估结论

（1）场地调查结论

土壤中超筛指标为砷和石油烃（C_{10}～C_{40}），其中砷的超筛点位有 179 个和超筛样品有 236 组，最大超筛浓度为 542 mg/kg（所在分层深度为 0.5～1.0 m），最大超筛深度为 3 m。石油烃（C_{10}～C_{40}）的超筛点位有 2 个、超筛样品有 3 组，均为详细调查阶段采集的样品点位，其最大超筛浓度为 2 360 mg/kg（深度为 1.5～2.0 m），最大超筛深度为 2 m，超筛深度范围为 0.7～2.0 m。地下水中超标指标为重金属砷，最大超标浓度为 34 μg/L。

（2）风险评估结论

1）土壤砷浓度最大点位的各途径的致癌风险和危害商值均不可接受，其中总致癌风险为 1.18×10^{-3}，高于可接受致癌风险 10^{-6} 水平；危害指数为 43.4，高于单一污染物可接受危害商值（1）。按混合油类分配比例计算的分段石油烃无致癌风险，其非致癌危害指数为 1.07，高于单一污染物可接受危害商值（1）。因此，地块内土壤污染物砷及石油烃对人体健康风险不可接受。

2）鉴于本地块地下水不作为饮用途径，也不作为日常洗澡、游泳或清洁等皮肤接触途径，因此地块内地下水污染物砷对人体不会造成潜在的健康危害。

3）地块土壤修复目标值、范围及工程量。综合比较地块土壤中砷和石油烃（C_{10}～C_{40}）的风险筛选值和风险控制值，分别选取地块砷风险筛选值 60 mg/kg 和石油烃（C_{10}～C_{40}）按混合油类计算的一类用地风险控制值 2.21×10^3 mg/kg，作为其修复目标值。经估算，调查地块需修复区域面积约 26 042.01 m^2，需修复土方量为 18 577.02 m^3，最大修复土壤深度为 3.0 m，其中：砷从表层的硬化层以下开始计算，最大修复深度为 3 m，经初步估算最大修复投影面积共计 25 842.01 m^2，修复土方量共 18 477.02 m^3；石油烃（C_{10}～C_{40}）从表层的硬化层以下开始计算，最大修复深度为 0.5 m，经初步估算最大修复投影面积共计 200 m^2，修复土方量共 100 m^3。

4）地下水后期环境管理措施。调查阶段地下水砷存在超标，地块地下水严禁开发利用（饮用及清洗等）。在地块开发利用后，如果地块内需要建设水体等景观工程，应采取措施防止地下水涌出至地表，避免人体接触；开发建设期间应采取相应措施，尽量避免人员直接接触，同时，施工过程基坑水经处理达标后方可回用施工或排放至市政管网，不得直接排放至地表水体。

7.1.2 场地修复方案

（1）修复范围及理论修复工程量

根据风险评估报告，最大修复投影面积共计 26 042.01 m^2，需修复土方量共计 18 577.02 m^3，各个深度土壤的修复面积和土方量估算如表 7-1 所示。其中，砷和石油烃（C_{10}～C_{40}）的修复面积和修复土方量如下。

表 7-1 各深度区域砷修复量汇总

深度区间/m	修复区域	面积/m²	厚度/m	修复土方量/m³	各层修复土方量小计/m³
中心仓 0～0.5	ZA1	99.83	0.5	49.90	744.19
	ZA2	922.6	0.5	461.30	
	ZA3	226.1	0.5	113.05	
	ZA4	86.77	0.5	43.39	
	ZA5	153.1	0.5	76.55	
中心仓 0.5～1.0	ZB1	246.1	0.5	123.05	995.55
	ZB2	120.5	0.5	60.25	
	ZB3	76.4	0.5	38.20	
	ZB4	789.7	0.5	394.85	
	ZB5	104.6	0.5	52.30	
	ZB6	77.8	0.5	38.90	
	ZB7	494.3	0.5	247.15	
	ZB8	81.7	0.5	40.85	
中心仓 1.0～1.5	ZC1	171.9	0.5	85.95	194.50
	ZC2	95.3	0.5	47.65	
	ZC3	121.8	0.5	60.90	
0～0.5	A1	748.7	0.5	374.35	10 325.70
	A2	291.4	0.5	145.70	
	A3	176	0.5	88.00	
	A4	897.2	0.5	448.60	
	A5	91.1	0.5	45.55	
	A6	144.9	0.5	72.45	
	A7	151.3	0.5	75.65	
	A8	724.8	0.5	362.40	
	A9	857.4	0.5	428.70	
	A10	8 352.1	0.5	4 176.05	
	A11	650.3	0.5	325.15	
	A12	1 721.3	0.5	860.65	
	A13	347.1	0.5	173.55	
	A14	5 497.8	0.5	2 748.90	
0.5～1.0	B1	175.8	0.5	87.90	4 630.85
	B2	505	0.5	252.50	
	B3	102.1	0.5	51.05	

深度区间/m	修复区域	面积/m²	厚度/m	修复土方量/m³	各层修复土方量小计/m³
0.5～1.0	B4	229.6	0.5	114.80	4 630.85
	B5	812.6	0.5	406.30	
	B6	736.5	0.5	368.25	
	B7	663.4	0.5	331.70	
	B8	98.7	0.5	49.35	
	B9	203.7	0.5	101.85	
	B10	120.4	0.5	60.20	
	B11	296.7	0.5	148.35	
	B12	107.3	0.5	53.65	
	B13	251.7	0.5	125.85	
	B14	146.4	0.5	73.20	
	B15	150.2	0.5	75.10	
	B16	201	0.5	100.50	
	B17	207.9	0.5	103.95	
	B18	206.6	0.5	103.30	
	B19	1 006.8	0.5	503.40	
	B20	150.6	0.5	75.30	
	B21	1 920.02	0.5	960.01	
	B22	968.68	0.5	484.34	
1.0～1.5	C1	435.6	0.5	217.80	1 078.29
	C2	251.4	0.5	125.70	
	C3	143	0.5	71.50	
	C4	134	0.5	67.00	
	C5	101.7	0.5	50.85	
	C6	175.1	0.5	87.55	
	C7	148.4	0.5	74.20	
	C8	767.37	0.5	383.69	
1.5～2.0	D1	109	0.5	54.50	452.60
	D2	187	0.5	93.50	
	D3	409.2	0.5	204.60	
2.0～2.5	E1	191.8	0.5	95.90	95.90
2.5～3.0	F1	118.9	0.5	59.45	59.45
合计					18 477.02

砷从表层的硬化层以下开始计算，修复深度为 3 m，经初步估算最大修复投影面积共计 25 842.01 m^2，修复土方量共 18 477.02 m^3：中心仓 0～0.5 m 土壤修复面积为 1 488.37 m^2，修复土方量为 744.19 m^3；中心仓 0.5～1.0 m 土壤修复面积为 1 991.1 m^2，修复土方量为 995.55 m^3；中心仓 1.0～1.5 m 土壤修复面积为 389 m^2，修复土方量为 194.5 m^3；0～0.5 m 土壤修复面积为 20 651.4 m^2，修复土方量为 10 325.70 m^3；0.5～1.0 m 土壤修复面积为 9 261.7 m^2，修复土方量为 4 630.85 m^3；1.0～1.5 m 土壤修复面积为 2 156.57 m^2，修复土方量为 1 078.29 m^3；1.5～2.0 m 土壤修复面积为 705.2 m^2，修复土方量为 352.6 m^3；2.0～2.5 m 土壤修复面积为 191.8 m^2，修复土方量为 95.9 m^3；2.5～3.0 m 土壤修复面积为 118.9 m^2，修复土方量为 59.45 m^3。

由于部分土壤中石油烃（C_{10}～C_{40}）的浓度存在介于超第一类用地的风险筛选值（826 mg/kg）和计算的第一类用地风险控制值（2.21×10^3 mg/kg）之间的情况，根据修复方案，这部分土壤按照化学氧化方法进行修复。因此，石油烃（C_{10}～C_{40}）从表层的硬化层以下开始计算，修复深度为 0.5～2 m，修复土方量共 306.25 m^3。具体见表 7-2。

表 7-2 石油烃（C_{10}～C_{40}）修复的面积和土方量汇总

深度区间/m	管控区域	面积/m^2	厚度/m	修复土方量/m^3	各层管理土方量小计/m^3
1.5～2.0	D4	200	0.5	100.00	100
0.5～1.0	B23	212.5	0.5	106.25	106.25
1.0～1.5	C9	200	0.5	100	100
合计					306.25

（2）修复目标值

根据本地块环境调查和风险评估结果，本项目修复目标值见表 7-3。

表 7-3 土壤修复目标值

污染物	砷	石油烃（C_{10}～C_{40}）
基坑和侧壁清挖目标	60 mg/kg	826 mg/kg
化学氧化后土壤修复目标	—	826 mg/kg

（3）修复技术路线

根据修复方案，计划对污染区域进行修复治理，需要修复土方量总计 18 783.27 m^3，其中砷污染土壤修复土方量为 18 477.02 m^3，石油烃（C_{10}～C_{40}）污染修复土方量为 306.25 m^3（含管控土壤）。针对不同类型污染土壤拟采用不同修复技术：砷污染土壤采用水泥窑协同处置进行无害化处理；石油烃污染土壤采用化学氧化处置后原基坑回填。总体工艺路线如图 7-1 所示。

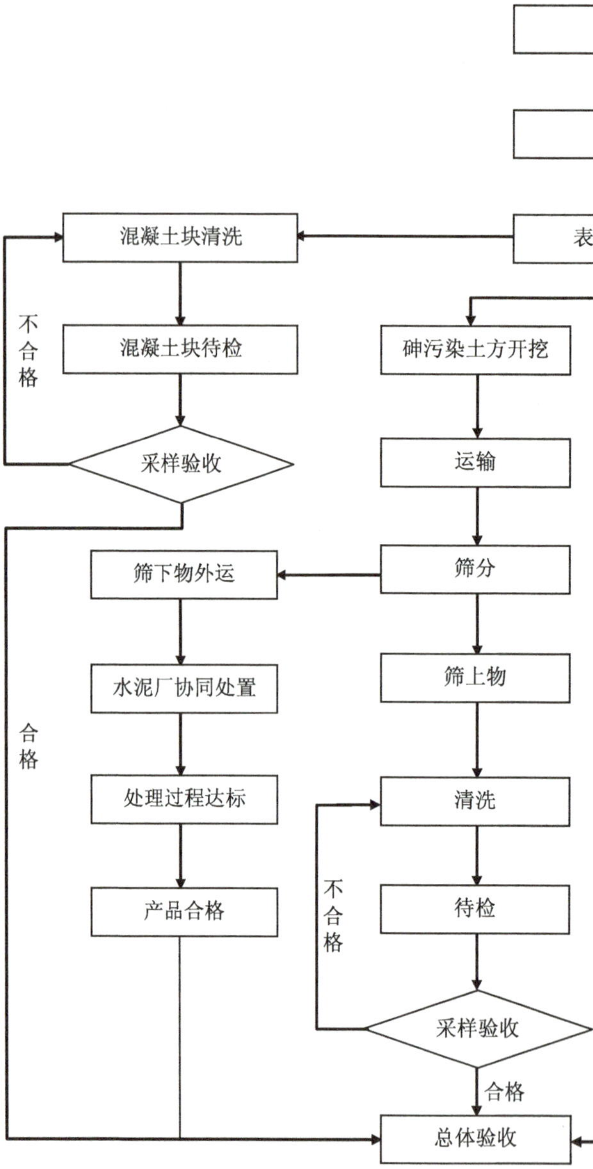

图 7-1　总体工艺路线

7.2 修复施工过程

7.2.1 修复实施情况

2021 年 8 月 30 日修复单位正式开展土壤修复施工工作，至 2021 年 12 月 12 日，修复单位完成地块土壤污染项目全部修复工作，总结如下：

1）完成污染区域表层混凝土块破除转运。根据混凝土块堆体测量，混凝土测量方量为 6 857.84 m^3，石块松方系数为 1.5，则混凝土开挖实方量为 4 572 m^3。

2）完成地块内污染土壤清挖工作。根据修复方案，项目砷污染土壤方量为 18 477.02 m^3，石油烃污染土壤方量为 311.69 m^3。实际施工中总开挖砷污染土量约 22 246.89 m^3，开挖石油烃污染土方量 319.73 m^3，石油烃疑似污染土壤 174.39 m^3，清洁土壤 66.67 m^3。

3）完成地块内砷污染土壤水泥窑协同处置工作。2021 年 9 月 11 日至 12 月 12 日，修复单位完成地块内污染土壤外运工作，共外运污染土壤 31 502.9 t。

4）完成地块内石油烃污染土修复工作。共修复石油烃污染土壤 319.73 m^3，经效果评估对修复后土壤采样检测，修复后土壤达到修复目标值。

5）在修复施工过程中，对可能造成二次污染的环节，严格按照修复方案的相关要求，并结合现场实际施工情况，采取了各项针对性措施，二次污染防治设施、措施落实到位。在整个施工期间未发生周边居民投诉情况，未收到城市管理部门下发的环境整改通知单。

6）在修复施工过程中，监理单位委托第三方检测单位按照监理方案对大气环境和声环境进行了监测，各项监测结果表明，修复施工过程的环境管理措施落实到位，修复施工过程未对周围环境造成不良影响。

综上所述，修复单位完成了土壤污染修复项目全部修复施工工作，全过程严格按照修复方案中的技术及施工要求实施，合理合规，各项监测均满足修复方案的要求，达到土壤修复目标。

7.2.2 二次污染防控

为监控修复对地块及其周边环境影响，监理单位委托第三方环境检测机构对地块地下水、回用废水、基坑积水、固定废气排放源、场界及周边敏感点进行环境空气、无组织废气、噪声进行监测。根据整体监测结果显示，修复单位在修复实施过程中未对地块及周边敏感点产生影响，未造成二次污染。

根据监理单位巡查、旁站，全过程监督、见证、记录情况，以及第三方环境检测机构的检测结果可知，在施工过程中，修复单位基本落实了施工期间各项风险防范措施，施工期间未造成二次污染，未收到环境影响投诉。

7.3 更新地块概念模型

7.3.1 污染源更新分析

7.3.1.1 关注污染物变化情况

1）清挖前土壤污染物为砷和石油烃（C_{10}～C_{40}），最大超筛浓度分别为 542 mg/kg 和 2 360 mg/kg，浓度值超过人体健康风险水平。

2）清挖后土壤污染物砷浓度值均小于修复目标值（60 mg/kg），土壤污染物石油烃（C_{10}～C_{40}）浓度值小于修复目标值（826 mg/kg）。

3）清挖后土壤目标污染物浓度得到有效降低或去除，达到地块对应的土壤污染限值。

7.3.1.2 污染物空间分布变化情况

修复前土壤砷污染分布在地块内的 65 个基坑中，总污染土方量为 18 477.02 m^3，污染深度为 3.0 m；石油烃（C_{10}～C_{40}）分布在地块内的 3 个基坑中，总污染土方量为 306.25 m^3，污染深度为 2.0 m。

修复工程对地块污染土壤进行清挖，对清挖出来的砷污染土壤先转运至暂存车间暂存，随后全部转运至水泥窑协同处置，石油烃（C_{10}～C_{40}）污染土壤经化学氧化处理后达到修复目标值。经过效果评估检测，基坑底部和侧壁目标污染物浓度均达到修复目标值。土壤预处理及暂存区、化学氧化修复区、污水处理区、渣块冲洗区和渣块暂存区、临时运输道路等潜在二次污染区的现场硬化层整体保持良好且土壤检测数据均未超过修复目标值，无遗留污染，本地块内目标污染物全部得到有效去除。

7.3.1.3 污染源更新结果

修复效果评估结果表明，基坑清挖后土壤检测结果全部达到修复目标值，修复范围内的污染土壤已经全部清挖，砷污染土壤全部外运至水泥窑协同处置，化学氧化修复后土壤、冲洗后筛上物、冲洗后地表混凝土块、疑似污染土壤、潜在二次污染区域土壤检测结果全部达到修复目标值。上述结果表明，本地块污染源已经清除，达到土壤环境质量要求。

7.3.2 地块污染物暴露途径更新

（1）修复前

地块土壤污染物为砷和石油烃（C_{10}～C_{40}），污染深度 0～3 m，其暴露途径包括：

1）经口摄入表层受污染土壤；

2）皮肤接触表层受污染土壤；

3）吸入表层受污染土壤扩散到室内外的颗粒物；

4）吸入室外空气中来自表层土壤的气态污染物；

5）吸入室外空气中来自下层土壤的气态污染物；

6）吸入室内空气中来自下层土壤的气态污染物。

（2）修复后

修复后地块未来拟规划为居住用地（R2）、产业用地（B29）、公共交通站场用地兼容防护绿地（S41/G2）及道路。修复后地块污染物暴露途径不变，具体暴露途径包括：

1）经口摄入表层受污染土壤；

2）皮肤接触表层受污染土壤；

3）吸入表层受污染土壤扩散到室内外的颗粒物；

4）吸入室外空气中来自表层土壤的气态污染物；

5）吸入室外空气中来自下层土壤的气态污染物；

6）吸入室内空气中来自下层土壤的气态污染物。

修复后土壤污染物浓度降至修复目标值以下，达到人体健康风险可接受水平。

7.3.3 受体更新分析

修复前敏感受体为周边人群，主要为成人。

修复地块拟规划为居住用地（R2）、产业用地（B29）、公共交通站场用地兼容防护绿地（S41/G2）及道路，其中居住用地（R2）属于第一类用地；产业用地（B29）、公共交通站场用地兼容防护绿地（S41/G2）及道路属于第二类用地。但由于该地块未来用地规划仍存在不确定性，按保守原则，按第一类用地情景考虑，在该用地情景下敏感人群主要是地块的住户、工作人员、客人及学生等，此外还有地块上建设项目的工人，敏感受体为儿童和成人。

7.3.4 修复地块健康风险分析

本项目修复工程完工后，完成地块概念模型更新后，修复后地块对敏感受体与土壤环境产生的风险可接受，达到了预定目标，可以满足第一类用地的使用功能。

7.4 效果评估

7.4.1 清挖土方量和范围

根据施工总结报告，地块土壤中超修复目标值的污染物为砷和石油烃（C_{10}～C_{40}）：其中砷污染基坑 65 个，修复方案土方量 18 477.02 m^3，实际清挖土方量 22 246.89 m^3，修复工程量审核（以 G 区为例）见表 7-4；石油烃（C_{10}～C_{40}）污染基坑 3 个，修复方案中土方量 311.69 m^3，实际清挖土方量 319.73 m^3。

表 7-4 修复工程量审核表

清挖区域	基坑	方案污染面积/m^2	方案修复深度范围/m	方案修复土方量/m^3	实际清挖面积/m^2	实际清挖深度范围/m	实际清挖土方量/m^3
G 区	G-A14	5 497.8	0～0.5	2 748.9	5 538.45	0～0.5	2 769.22
	G-B18	206.56	0.5～1	103.28	210.46	0.5～1	105.23
	G-B19	1 006.8	0.5～1	503.4	1 018.24	0～1	536.74
	G-B20	150.57	0.5～1	75.29	153.71	0.5～1	76.85

清挖区域	基坑	方案污染面积/m²	方案修复深度范围/m	方案修复土方量/m³	实际清挖面积/m²	实际清挖深度范围/m	实际清挖土方量/m³
G区	G-B21	1 877.36	0.5～1	938.68	1 895.64	0～1	1 042.35
	G-C7	148.4	1～1.5	74.2	152.87	0.5～1.5	91.8
	G-C8	767.37	1～1.5	383.69	773.35	0～1.5	465.47
	G-D3	409.2	1.5～2	204.6	414.6	1.5～2	207.3
	G-E1	191.8	2～2.5	95.9	201.89	2～2.5	100.95
	G-F1	118.9	2.5～3	59.45	121.25	1.5～3	120.22
	污染土清挖合计			5 187.38	—	—	5 516.13
	疑似污染土清挖			241.01	—	—	0
	清洁土清挖			37.02	—	—	0
	污染区域清挖土方合计			5 465.41	—	—	5 516.13

7.4.2 修复效果评估

7.4.2.1 评估布点方案

7.4.2.1.1 清挖基坑效果评估布点

（1）布点依据和原则

基坑清挖效果评估的对象为清挖后的基坑底部与基坑侧壁。

布点原则依据《效果评估技术导则》、《广州市环境保护局办公室关于印发广州市工业企业场地环境调查、治理修复及效果评估技术要点的通知》（穗环办〔2018〕173 号）的相关要求布点，基坑底部采用系统布点法，基坑侧壁采用等距离布点法，基坑底部和侧壁最少采样单元数量见表 7-5。

表 7-5 基坑底部和侧壁推荐最少采样单元数量

基坑面积（x）/m²	坑底采样点数量/个	侧壁采样点数量/个
x＜100	2	4
100≤x＜1 000	3	5
1 000≤x＜1 500	4	6
1 500≤x＜2 500	5	7
2 500≤x＜5 000	6	8
5 000≤x＜7 500	7	9
7 500≤x＜12 500	8	10
x＞12 500	网格大小不超过 40 m×40 m	采样点间隔不超过 40 m

1）基坑底部。根据基坑底部面积大小，按照表 7-5 划分成若干个采样单元，每个采样单元的最大面积不应超过 400 m^2，在每个采样单元中均匀分布采集 9 个表层土壤（0～20 cm）样品制成 1 个土壤混合样。基坑底部的样品以去除杂质后的土壤表层样为主（0～20 cm），不排除深层采样，采样单元如图 7-2 所示。

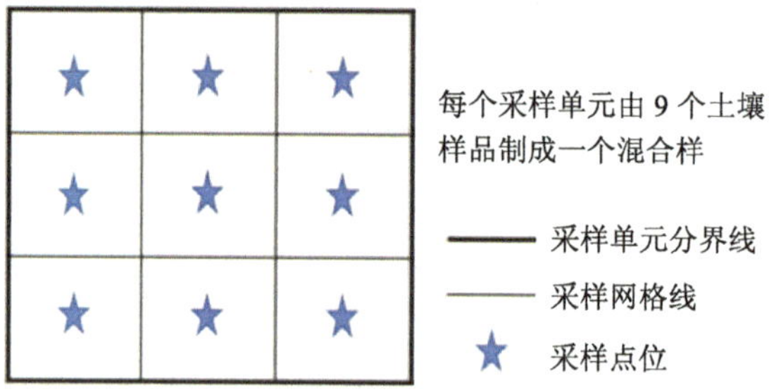

图 7-2　基坑底部采样单元示意图

2）基坑侧壁。根据基坑面积和污染强度，将侧壁按照表 7-5 划分为若干个采样单元（等分成段），每段最大长度不应超过 40 m，在每段均匀采集 9 个表层土壤样品制成混合样，基坑侧壁的样品以去除杂质后的土壤表层样为主（0～20 cm），不排除深层采样。

当修复深度小于等于 1 m 时，侧壁不进行垂向分层采样。当修复深度大于 1 m 时，侧壁应进行垂向分层采样，应考虑地块土层性质与污染垂向分布特征，在污染物易富集位置设置采样点。第一层为表层土（0～0.2 m），0.2 m 以下每 1～3 m 分一层，不足 1 m 时与上一层合并。各层采样点之间垂向距离不大于 3 m，具体根据实际情况确定。由于本项目最大修复深度为 3 m，每一层修复深度为 0.5 m，侧壁采样单元如图 7-3 所示。

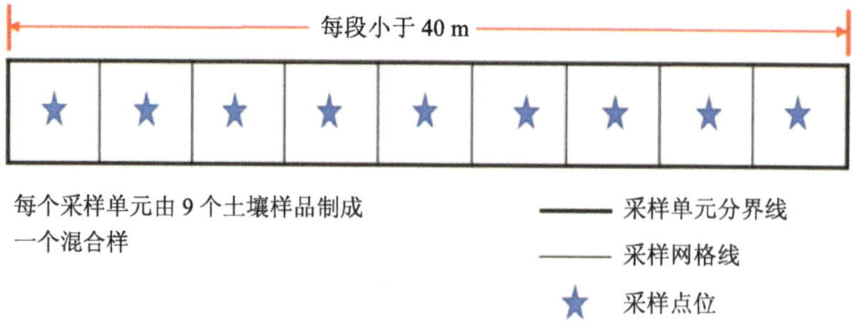

图 7-3　基坑侧壁采样单元示意图

（2）采样布点方案

修复单位依据修复方案，按照 0～0.5 m、0.5～1.0 m、1.0～1.5 m、1.5～2.0 m、2.0～2.5 m、2.5～3.0 m 的层次，采用分区、分层方式对地块污染土壤进行清挖，采用垂直开挖方式进行开挖。本项目效果评估依据修复单位清挖基坑开展，其中 A9、B23、B16、B19、B21、ZA1、ZA2、ZA4 以及 A10 部分区域是修复单位清挖完成且自检合格后及时开展的效果评估工作，其余基坑效果评估是全部清挖完成后统一开展的。具体布点方案以 G 区基坑为例，G 区基坑成坑见图 7-4，坑底和侧壁布点情况见表 7-6，详细布点见图 7-5。

图 7-4　G 区基坑成坑

表 7-6 G 区基坑坑底和侧壁布点情况

开挖区域	原基坑编号	下层对应基坑	采样时下层基坑开挖情况	修复深度范围	修复厚度/m	坑底面积/m^2	非重叠面积/m^2	实际清挖面积/m^2	实际侧壁长度/m	坑底布点及实际采样数量			侧壁布点数量					样品小计
										布点单元/个	实际样品/个	检测因子	横向采样段/段	每段采样长度/m	垂向采样分层数	实际样品/个	检测因子	
G	A14	B18/B19/B20/B21	已清挖	0～0.5	0.5	5 497.8	152	5 538.45	388.8	3	3	砷	12	32.4	1	12	砷	25
				0～0.5	0.5		1 878.3			5	5	砷			1		砷	
				0～0.5	0.5		432.1			3	3	砷			1		砷	
				0～0.5	0.5		48.4			2	2	砷			1		砷	
	B18	—	—	0.5～1	0.5	206.56	206.56	210.46	57.5	3	3	砷	5	11.5	1	5	砷	8
	B19	C7	未清挖	0.5～1	0.5	1 006.8	425.5	1 018.24	160.2	3	3	砷	6	26.7	1	6	砷	12
				0.5～1	0.5		404.1			3	3	砷			1		砷	
	B20	—	—	0.5～1	0.5	150.57	150.57	153.71	49	3	3	砷	5	9.8	1	5	砷	8
	B21	C8	未清挖	0.5～1	0.5	1 877.36	1 081.5	1 895.64	221.9	4	4	砷	7	31.7	1	7	砷	14
							114.5			3	3	砷			1		砷	
	C7	—	—	1～1.5	0.5	148.4	148.4	152.87	52.5	3	3	砷	5	10.5	1	5	砷	8
	C8	D3/E1/F1	已清挖	1～1.5	0.5	767.37	113.2	773.35	121.5	3	3	砷	5	24.3	1	5	砷	13
				1～1.5	0.5		81.7			2	2	砷			1		砷	
				1～1.5	0.5		99.9			3	3	砷			1		砷	
	D3	E1/F1	已清挖	1.5～2	0.5	409.2	32.2	414.6	90.5	2	2	砷	5	18.1	1	5	砷	10
				1.5～2	0.5		162			3	3	砷			1		砷	
	E1	F1	已清挖	2～2.5	0.5	191.8	156.2	201.89	87.5	3	3	砷	5	17.5	1	5	砷	8
	F1	—	—	2.5～3	0.5	118.9	118.9	121.25	43.5	3	3	砷	5	8.7	1	5	砷	8

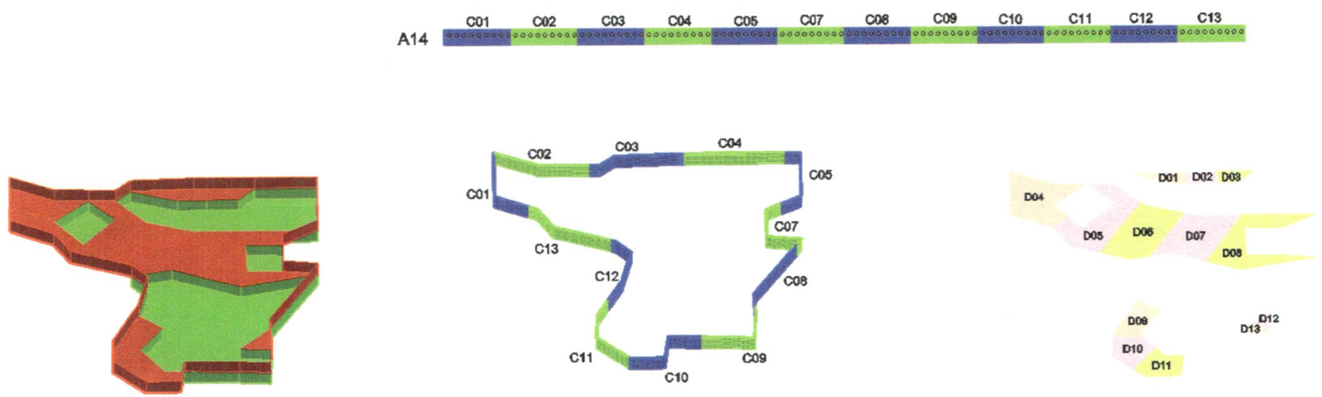

（a）G 区第一层立体布点

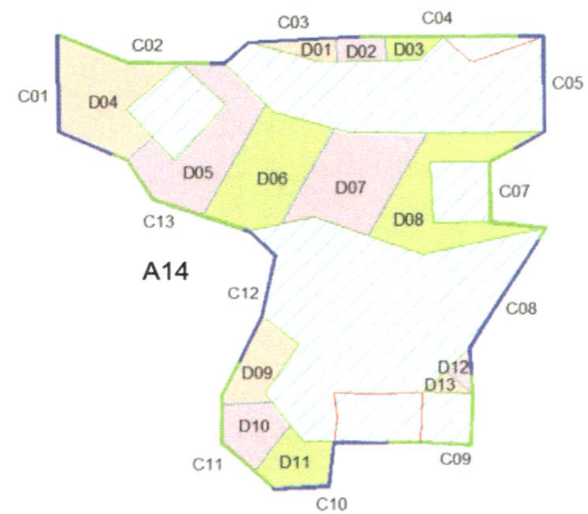

（b）G 区第一层平面布点

图例

0.5 m 原设计侧壁

0～0.5 m 侧壁采样单元

0.5 m 坑底采样单元

非 0.5 m 坑底区域

注：A14 下层包括 B18、B19、B20、B21 四个小基坑，A14 效果评估采样时，下层基坑已经清挖，侧壁按照一体成型基坑布点。

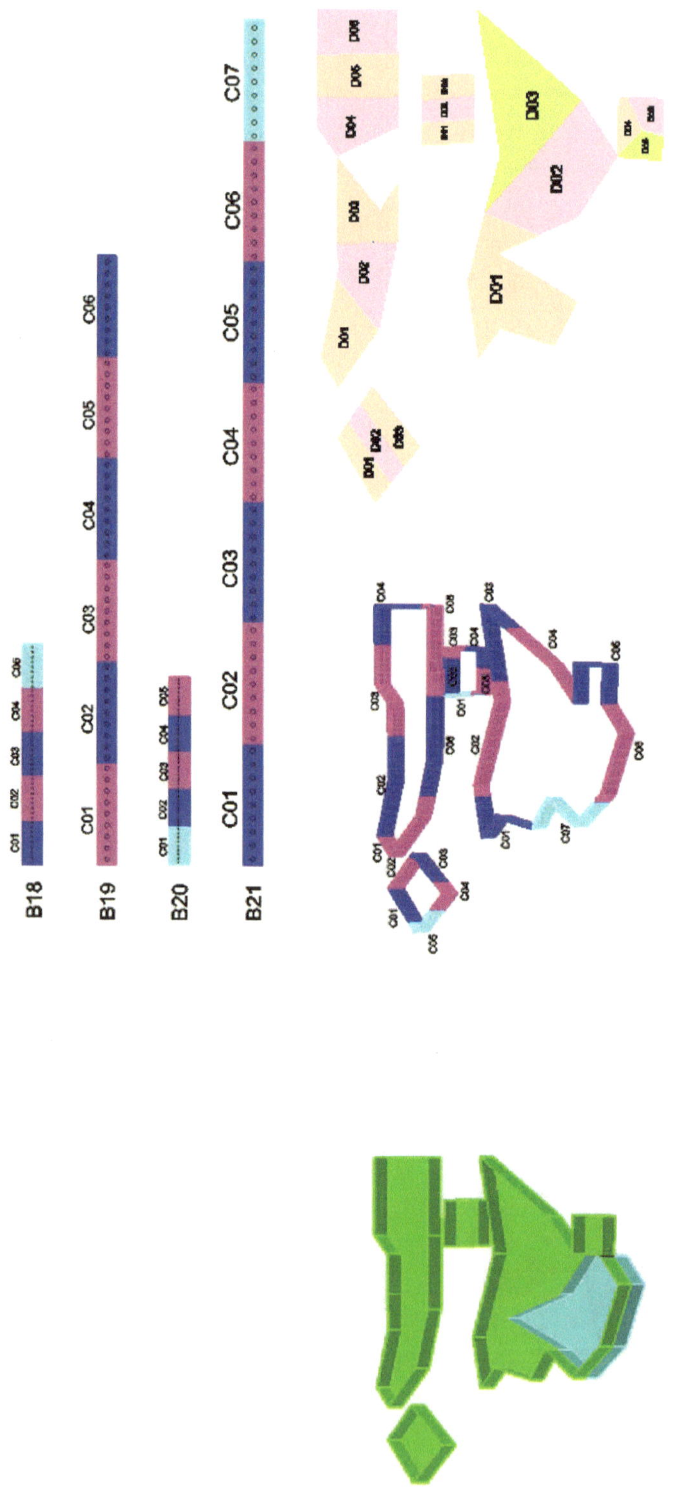

（c）G区第二层立体布点

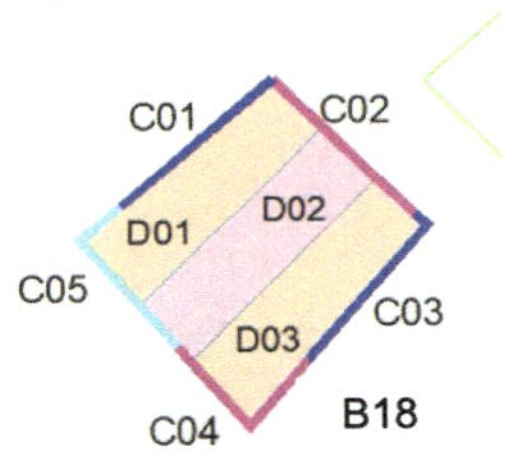

图例

1 m 原设计侧壁

0.5～1 m 侧壁采样单元

1 m 坑底采样单元

非 1 m 坑底区域

注：B18 下层无小基坑。

（d）G 区第二层 B18 基坑平面布点

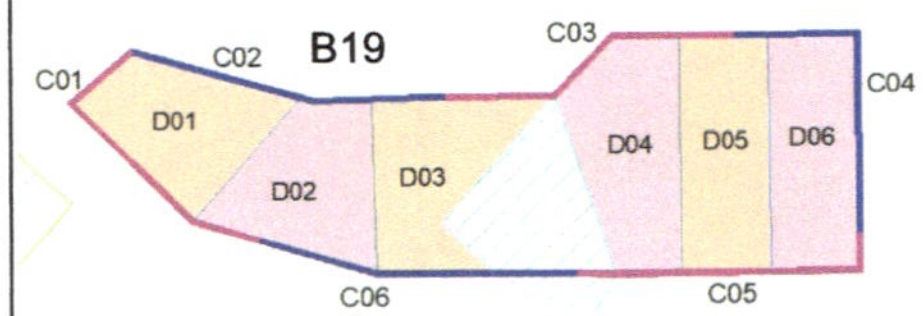

（e）G 区第二层 B19 基坑平面布点

图例

1 m 原设计侧壁

0.5～1 m 侧壁采样单元

1 m 坑底采样单元

非 1 m 坑底区域

注：B19 下层为 C7 小基坑，B19 效果评估采样时，C7 小基坑未清挖。

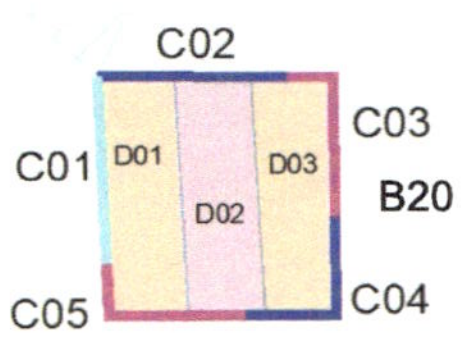

图例

1 m 原设计侧壁

0.5～1 m 侧壁采样单元

1 m 坑底采样单元

非 1 m 坑底区域

注：B20 下层无小基坑。

（f）G 区第二层 B20 基坑平面布点

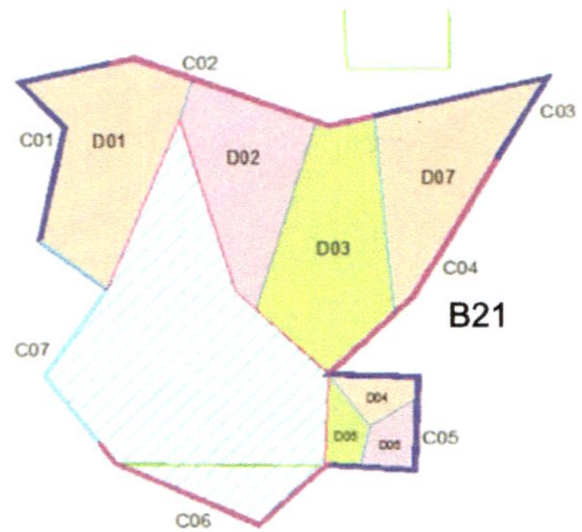

（g）G 区第二层 B21 基坑平面布点

图例

1 m 原设计侧壁

0.5～1 m 侧壁采样单元

1 m 坑底采样单元

非 1 m 坑底区域

注：B21 下层为 C8 小基坑，B21 效果评估采样时，C8 小基坑未清挖。

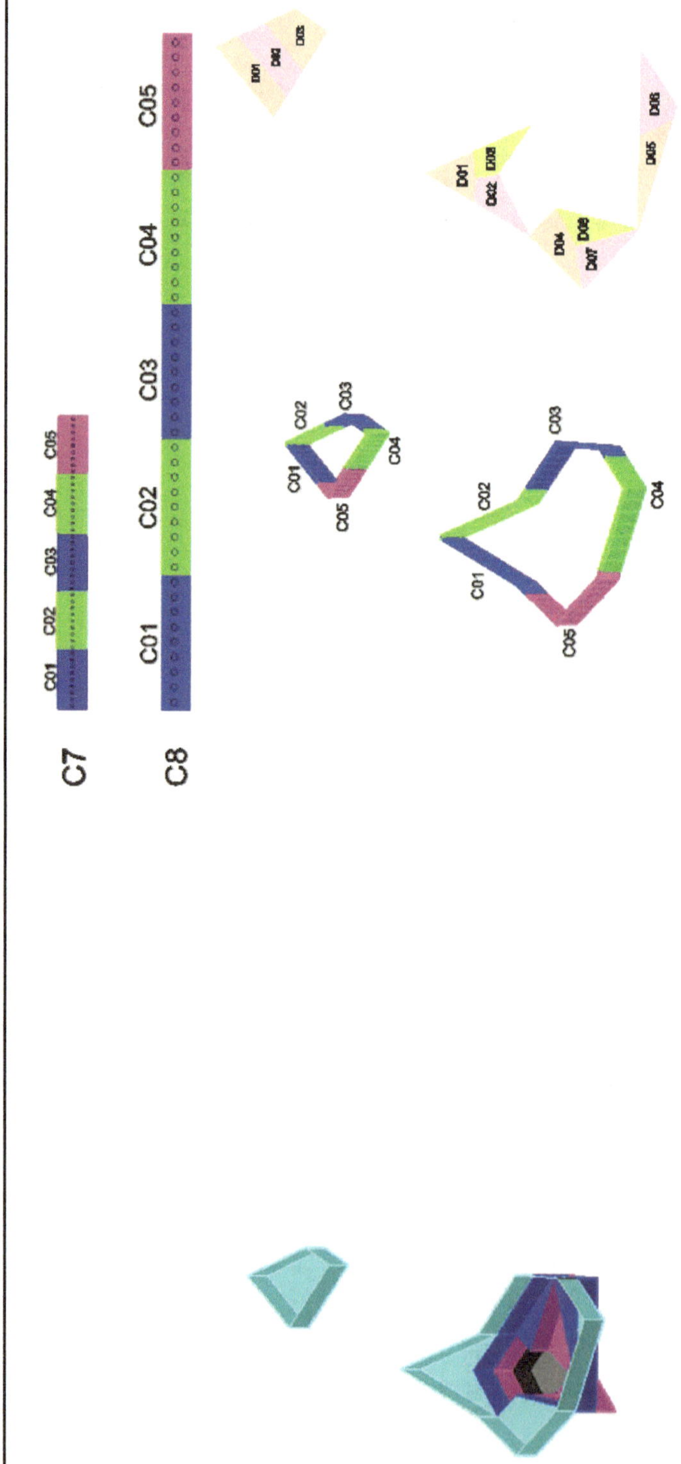

（h）G区第三层立体布点

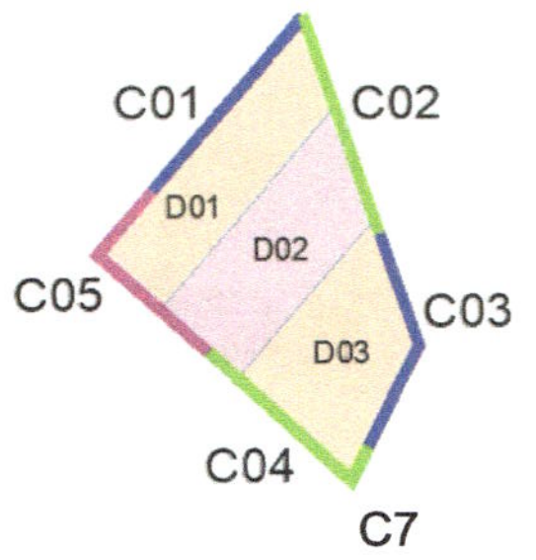

图例

1.5 m 原设计侧壁

1～1.5 m 侧壁采样单元

1.5 m 坑底采样单元

非 1.5 m 坑底区域

注：C7 下层无小基坑。

（i）G 区第三层 C7 基坑平面布点

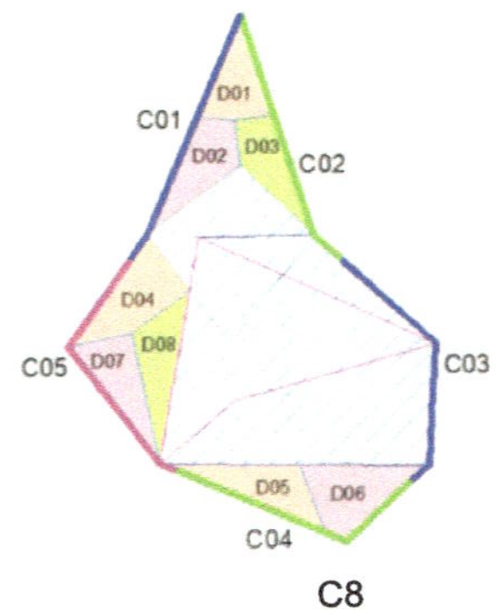

图例

1.5 m 原设计侧壁

1～1.5 m 侧壁采样单元

1.5 m 坑底采样单元

非 1.5 m 坑底区域

注：C8 下层为 D3、E1、F1 小基坑，C8 效果评估采样时，下层基坑已经清挖，侧壁按照一体成型基坑布点。

（j）G 区第三层 C8 基坑平面布点

（k）G 区第四层立体布点

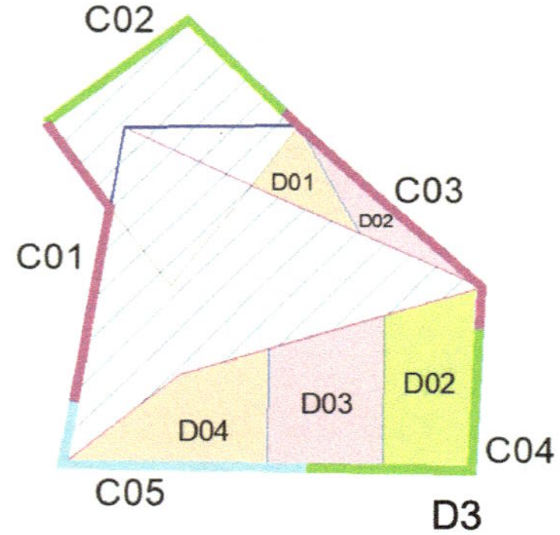

图例

2 m 原设计侧壁

1.5～2 m 侧壁采样单元

2 m 坑底采样单元

非 2 m 坑底区域

注：D3 下层为 E1、F1 小基坑，D3 效果评估采样时，下层基坑已经清挖，侧壁按照一体成型基坑布点。

（l）G 区第四层 D3 基坑平面布点

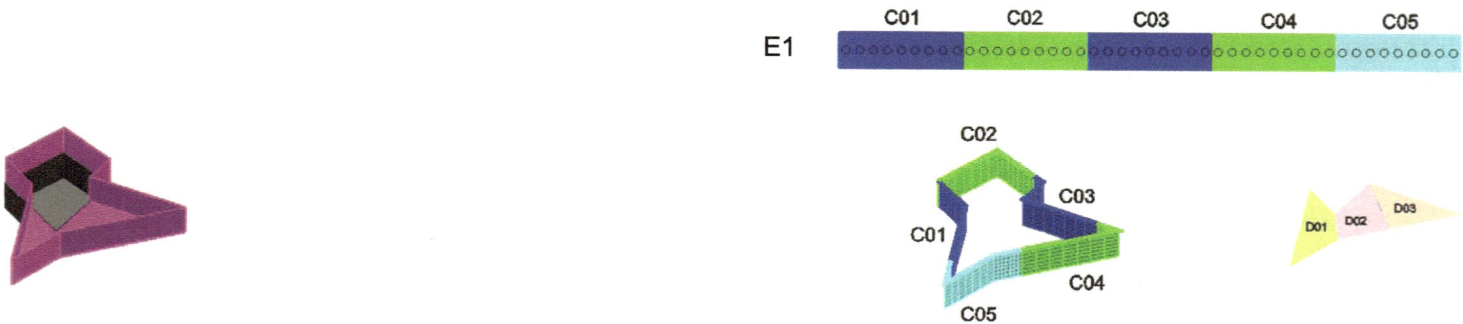

（m）G 区第五层立体布点

注：E1 下层为 F1 小基坑，E1 效果评估采样时，下层基坑已经清挖，侧壁按照一体成型基坑布点。

（n）G 区第五层 E1 基坑平面布点图

（o）G 区第六层立体布点

注：F1 下层无小基坑。

（p）G 区第六层 F1 基坑平面布点

图 7-5 G 区基坑布点

（3）采样节点

基坑清理后，修复单位自检合格后，进行采样。根据具体施工情况进行分阶段验收。

（4）检测指标

检测指标参考风险评估报告，包括砷和石油烃（C_{10}～C_{40}）。

（5）验收标准

基坑坑底和侧壁验收标准见表 7-7。

表 7-7 基坑坑底和侧壁验收标准

污染物	砷	石油烃（C_{10}～C_{40}）
基坑和侧壁清挖目标	60 mg/kg	826 mg/kg

7.4.2.1.2 原地异位化学氧化后的土壤

（1）布点依据与原则

根据《效果评估技术导则》、《广州市工业企业场地环境调查、治理修复及效果评估技术要点》（穗环办〔2018〕173 号）的相关要求，并结合本项目异位修复施工范围及施工进度情况，在异位修复后土堆方量为 300～500 m^3 时应选用《效果评估技术导则》的采样要求："采集 3 个样品"，超过 500 m^3，一个点位代表数量不大于 500 m^3。

（2）采样布点方案

本项目化学氧化土方量共 319.73 m^3，以堆体形式堆放。按照《效果评估技术导则》，大于 300 m^3，小于 500 m^3 土壤堆体布点数量不少于 3 个（表 7-8）。本项目共划分 3 个采样单元，即每个采样单元（每个样品代表的土方量）土方量不超过 500 m^3，每个采样单元按九宫格布点采集 9 个样品混合成 1 个样品，共采集 3 个土壤样品（图 7-6）。

（3）采样节点

修复单位自验收合格后，回填之前进行采样。

（4）检测指标

依据风险评估报告，化学氧化处理土壤的检测指标为石油烃（C_{10}～C_{40}）。

由于本项目石油烃（C_{10}～C_{40}）采用氧化钙 2%、过硫酸钠 1%进行氧化，根据化学元素分析判断，不产生其他二次污染物。

表 7-8　原地异位化学氧化后土壤堆放及布点情况

堆体方量/m^3	布点数量/个	
319.73	3	

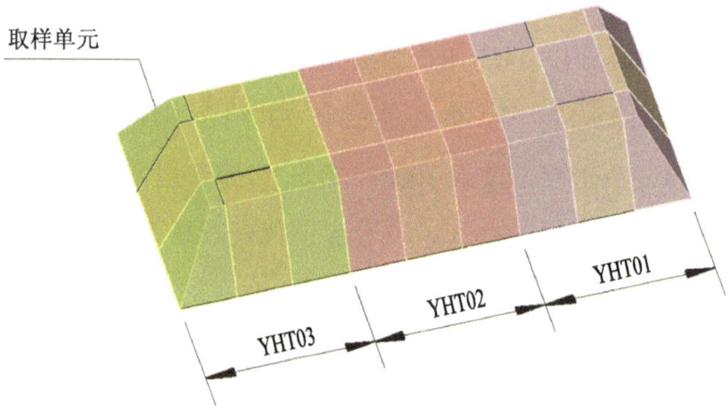

图 7-6　原地异位化学氧化后土壤布点示意图

（5）评估标准

异位化学氧化后土壤修复后回填到原基坑，故评估标准为风险评估报告中确定的修复目标值（表 7-9）。

表 7-9　化学氧化修复后土壤验收标准

污染物	石油烃（C_{10}～C_{40}）
化学氧化后土壤	826 mg/kg

7.4.2.1.3 筛上物清洗和地表混凝土块清洗效果评估

（1）布点依据与原则

筛上物和地表混凝土块清洗效果采样布点主要根据《效果评估技术导则》中的相关要求，一个点位代表土方量不超过 500 m^3。

（2）布点方案

1）筛上物清洗后采样布点。本项目筛上物堆体方量共计 7 815.06 m^3，按照每 500 m^3 布点数量不少于 1 个样品的原则进行布点，根据施工进度分两批次进行采样，共布点 21 个（不包含 10%的平行样）（表 7-10、图 7-7、图 7-8）。

表 7-10 筛上物堆放及布点情况

筛上物堆体	堆体面积/m^2	堆体方量/m^3	布点数量/个
第一批次	2 027.1	3 091.3	8
第二批次	1 971	4 723.76	13
堆体合计	3 998.1	7 815.06	21

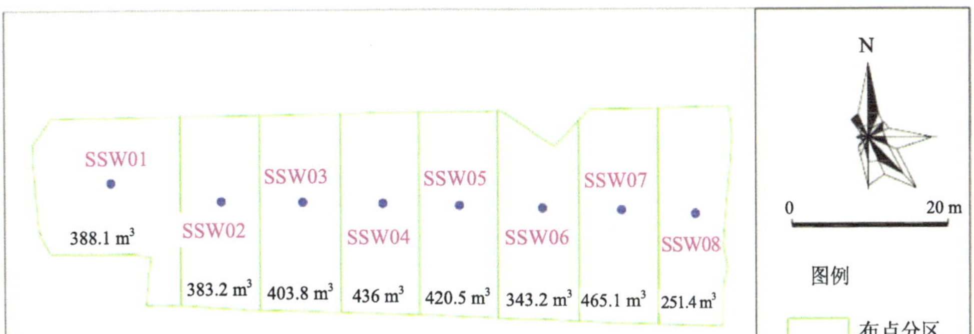

图 7-7 筛上物第一批布点

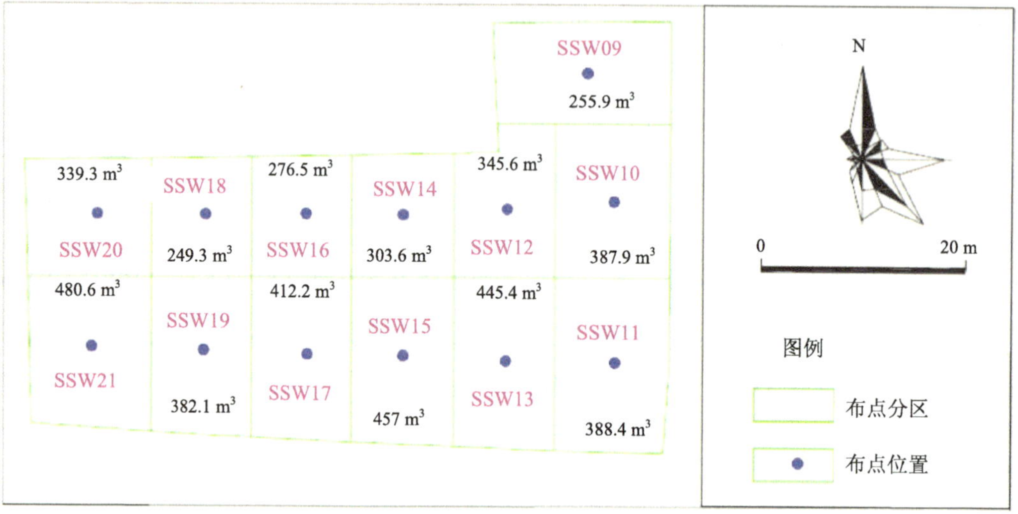

图 7-8 筛上物第二批布点

2）表层混凝土块清洗后采样布点。表层混凝土块堆体方量共计 6 857.84 m^3，按照每 500 m^3 布点数量不少于 1 个样品的原则进行布点，根据施工进度分两批次进行采样，共布点 16 个（不包含 10%的平行样）。表层混凝土块堆放情况见表 7-11、图 7-9、图 7-10。

表 7-11 表层混凝土块堆放及布点情况

表层混凝土堆体	堆体面积/m^2	堆体方量/m^3	布点数量/个
第一批次	3 415.1	5 058	12
第二批次	1 052	1 799.84	4
堆体合计	4 467.1	6 857.84	16

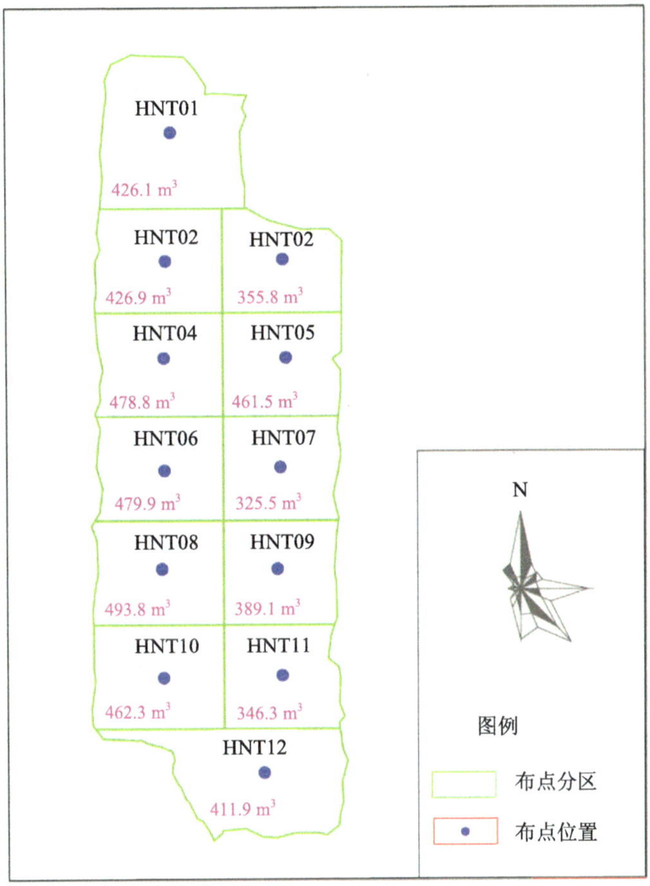

图 7-9　混凝土第一批布点

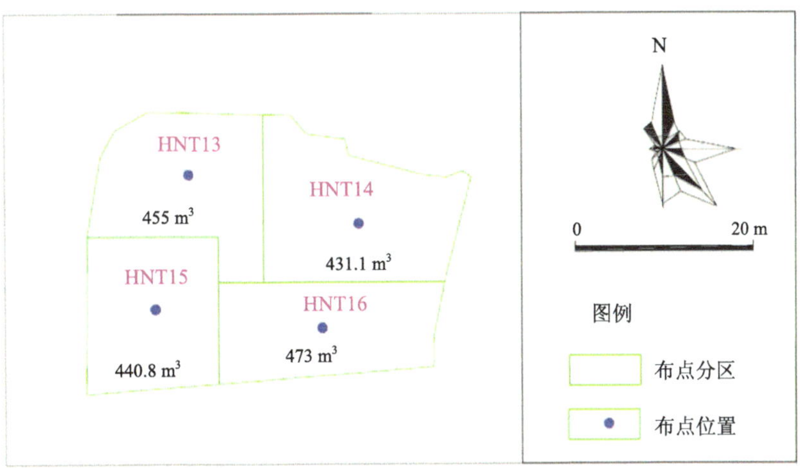

图 7-10　混凝土第二批布点

（3）采样节点

修复单位自验收合格后，回用之前进行采样。

（4）检测指标

依据风险评估报告，筛上物和地表混凝土块的检测指标均为砷。

（5）评估标准

筛上物、地表混凝土块均不出场，故评估标准为风险评估报告中确定的目标污染物的修复目标值（表 7-12）。

表 7-12　筛上物、地表混凝土块评估标准

污染物	砷
筛上物	60 mg/kg
混凝土	60 mg/kg

7.4.2.1.4　疑似污染土效果评估布点

（1）布点依据和原则

疑似污染土壤布点主要根据《效果评估技术导则》中的相关要求，按照堆体模式修复后土壤最少采样点数量，堆体方量在 100～300 m^3 区间采样单元数量为 2 个。

（2）布点方案

本项目疑似污染土壤主要产生自Ⅴ区（石油烃污染区域），土方量共为 174.39 m^3，按照加严原则，共划分为 5 个采样单元（表 7-13）。疑似污染土壤布点见图 7-11。

表 7-13　疑似污染土壤堆放及布点情况

堆体方量/m^3	布点数量/个
174.39	5

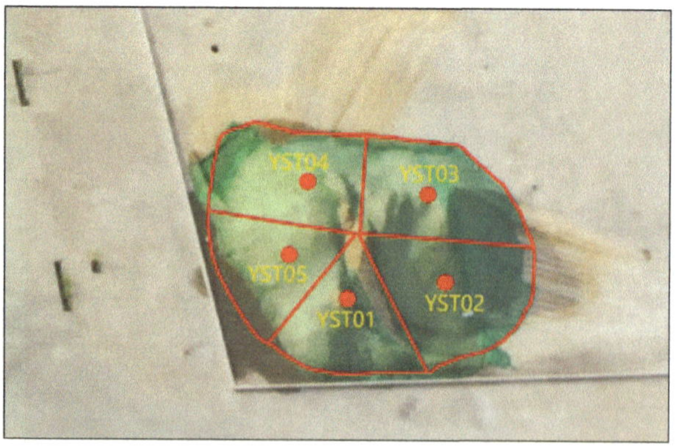

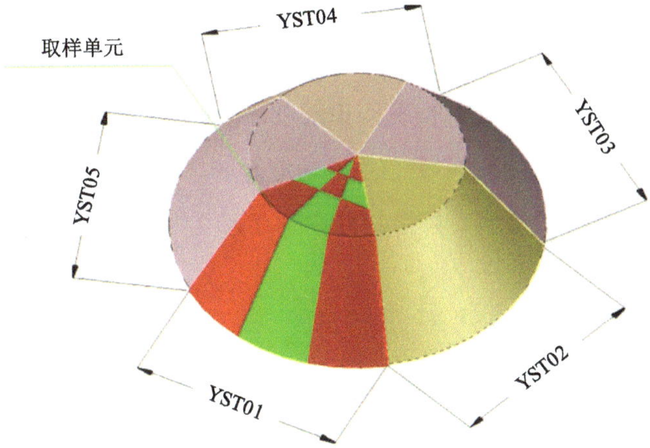

图 7-11　疑似污染土壤布点示意图

（3）采样节点

修复单位自验收合格后，回填之前进行采样。

（4）检测指标

本项目疑似污染土壤的检测指标为石油烃（C_{10}～C_{40}）。

（5）评估标准

本项目疑似污染土壤不出场，故评估标准为风险评估报告中确定的目标污染物的修复目标值（表 7-14）。

表 7-14　疑似污染土壤验收标准

污染物	石油烃（C_{10}～C_{40}）
疑似污染土壤	826 mg/kg

7.4.2.1.5　潜在二次污染区域效果评估布点

（1）布点依据与原则

潜在二次污染区域效果评估的采样布点根据《效果评估技术导则》、《广州市环境保护局办公室关于印发广州市工业企业场地环境调查、治理修复及效果评估技术要点的通知》（穗环办〔2018〕173 号）的相关要求，按照最严原则，并结合本项目地块二次污染区域的面积，选用的是技术导则的布点要求，根据各潜在二次污染区域的面积并结合现场踏勘情况划分采样单元，在每个采样单元中间采集 1 个表层土壤样品。

（2）布点方案

根据现场踏勘并结合地块实际情况，识别以下区域为潜在二次污染区域：土壤预处理区、化学氧化修复区、水处理区 3 个主要功能区域，以及场区临时运输道路，其中，土壤预处理内配置土壤预处理区、筛上物冲洗暂存区 2 个功能区，水处理区分为水处理区 1 和水处理区 2 两个区域。

1）主要功能区域布点情况

主要功能区二次污染布点见表 7-15。

表 7-15 主要功能区二次污染布点一览表

序号	功能区	设施	规格参数要求	布点数量/个	采样编号	采样数量/个	取样时间
1	土壤预处理区	砷污染土预处理及暂存车间 1	18 m×50 m×8 m，原有厂房（900 m^2）	3	YCL-1-01、YCL-1-02、YCL-1-03	3	12 月 13 日
		砷污染土预处理及暂存车间 2	18 m×42 m×8 m，原有厂房（756 m^2）	3	YCL-2-01、YCL-2-02、YCL-2-03	3	12 月 13 日
		砷污染土预处理及暂存车间 3	18 m×50 m×8 m，原有厂房（900 m^2）	3	YCL-3-01、YCL-3-02、YCL-3-03	3	12 月 13 日
		砷污染土预处理及暂存车间 4	18 m×38 m×8 m，原有厂房（684 m^2）	3	YCL-4-01、YCL-4-02、YCL-4-03	3	12 月 14 日
		砷污染土预处理及暂存车间 5	18 m×45 m×8 m，原有厂房（810 m^2）	3	YCL-5-01、YCL-5-02、YCL-5-03	3	12 月 14 日
		砷污染土预处理及暂存车间 6	18 m×48 m×8 m，原有厂房（864 m^2）	3	YCL-6-01、YCL-6-02、YCL-6-03	3	12 月 7 日
		砷污染土预处理及暂存车间 7	18 m×50 m×8 m，原有厂房（900 m^2）	3	YCL-7-01、YCL-7-02、YCL-7-03	3	12 月 13 日

序号	功能区	设施	规格参数要求	布点数量/个	采样编号	采样数量/个	取样时间
1	土壤预处理区	砷污染土预处理及暂存车间 8	18 m×38 m×8 m，原有厂房（684 m^2）	3	YCL-8-01、YCL-8-02、YCL-8-03	3	12 月 7 日、12 月 27 日
		筛上物冲洗暂存车间 1	18 m×38 m，原有厂房（684 m^2）	3	SSW-QX-1-01、SSW-QX-1-02、SSW-QX-1-03	3	12 月 7 日
		筛上物冲洗暂存车间 2	18 m×48 m×8 m，原有厂房（864 m^2）	3	SSW-QX-2-01、SSW-QX-2-02、SSW-QX-2-03	3	12 月 7 日
		沉淀池 4	2 m×6 m×1.5 m，三级沉淀池（12 m^2）	1	CDC-4-01	1	12 月 14 日
2	化学氧化区	化学氧化车间	18 m×18 m×8 m，1 座，原有厂房密封处理，配套尾气处理（高 15 m）（324 m^2）	3	YHCJ-01、YHCJ-02、YHCJ-03	3	2022 年 1 月 21 日
		尾气处理设施（高 15 m）	配套尾气处理	1	WQCL-01	1	12 月 14 日
3	水处理区 1（812 m^2）	混凝土块清洗区	面积 400 m^2，周边砌筑 10 cm×20 cm 空气砖砌筑抹面	1	HNT-QX-01	1	12 月 14 日
		污水处理设备 2	200 m^2	1	WSCL-2-01	1	12 月 14 日
		沉淀池 3	2 m×6 m×1.5 m，三级沉淀池（12 m^2）	1	CDC-3-01	1	12 月 14 日
		回用水池 2	2 座，20 m×10 m×1.2 m，移动式有盖支架，PVC（200 m^2）	1	HYSC-2-01	1	12 月 14 日
4	水处理区 2（412 m^2）	污水处理设备 1	200 m^2	1	WSCL1-01	1	12 月 14 日
		沉淀池 1	2 m×6 m×1.5 m，三级沉淀池（12 m^2）	1	CDC-1-01	1	12 月 15 日
		回用水池 1	200 m^2	1	HYSC-2-01	1	12 月 14 日
5	其他配套（102 m^2）	洗车区	5 m×18 m，硬化地面，周边设沟槽收集污水（90 m^2）	1	XCQ-01	1	12 月 14 日
		沉淀池 2	2 m×6 m×1.5 m，三级沉淀池（12 m^2）	1	CDC-2-01	1	12 月 15 日
		地磅	100 t	1	DB-01	1	12 月 28 日
合计				45			

2）厂区主要运输道路。场区临时运输道路以及基坑转运土的临时道路共 19 609.4 m^2，按照 1 600 m^2 布设一个点位，在道路两侧共布设 14 个点位。临时道路布点见图 7-12。编号：DL-01 至 DL-14。

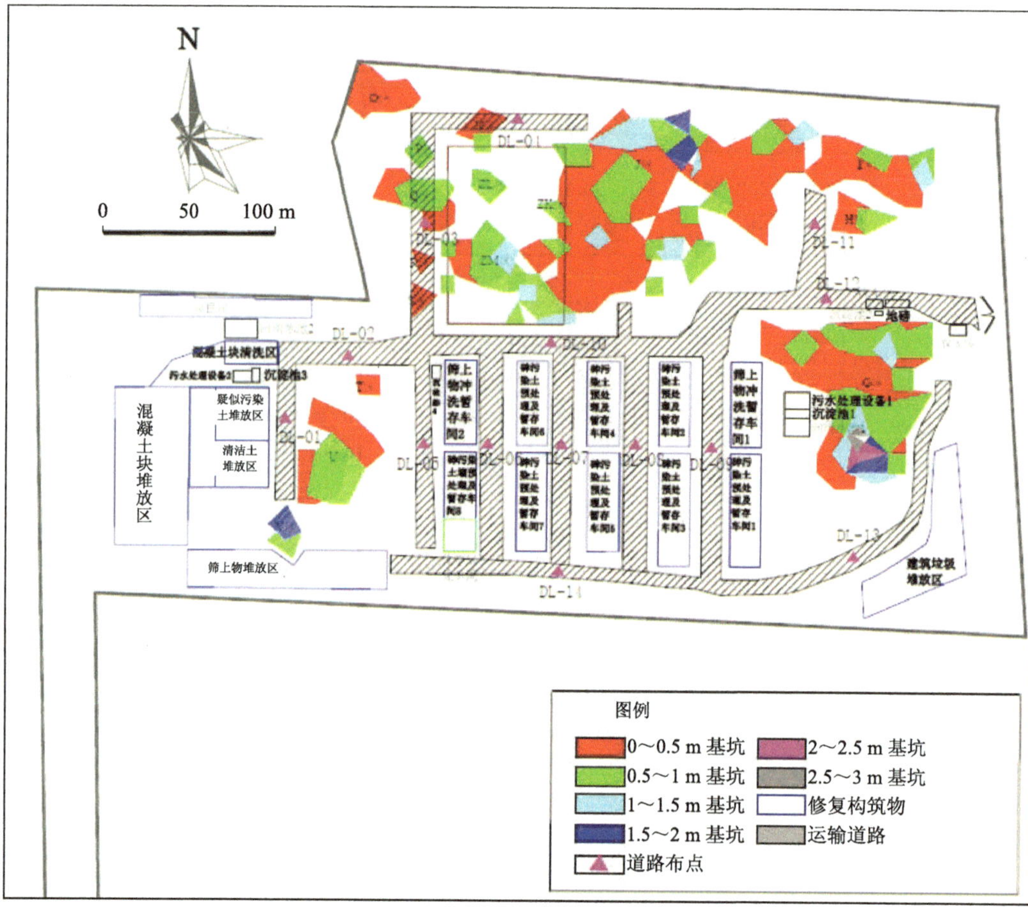

图 7-12 场区临时道路布点

（3）采样节点

二次污染区域采样在土壤修复工程完成后尽快进行。化学氧化区和堆放区在效果评估报告通过评审，修复单位完成回填后尽快开展采样评估工作。

（4）检测指标

二次污染区域主要功能区域和临时道路检测指标包括地块所有的超标污染物，包括砷和石油烃（C_{10}～C_{40}）。

（5）评估标准

二次污染区域评估标准参考基坑的评估标准（表 7-16）。

表 7-16　二次污染区评估标准

污染物	砷	石油烃（C_{10}～C_{40}）
主要功能区域	60 mg/kg	826 mg/kg
临时道路	60 mg/kg	826 mg/kg

7.4.2.2 效果评估

（1）效果评估方法

根据《效果评估技术导则》的要求，本项目效果评估采用逐一对比法判断整个地块是否达到修复效果。应将样品检测值与修复效果评估标准值逐个对比。

基坑：逐点与本地块土壤中污染物修复目标值进行比较。若小于修复目标浓度，则无须进一步清挖；若大于修复目标浓度，则继续清挖，直至基坑底部与侧壁的土壤污染物浓度均小于修复目标浓度为止。

化学氧化后土壤、筛上物、疑似污染土壤、地表混凝土块：逐点与本地块土壤中污染物修复目标值进行比较。若小于修复目标浓度，则无须进一步修复；若大于修复目标浓度，则继续修复，直至土壤污染物浓度均小于修复目标浓度为止。

二次污染区：采用逐点法与本地块土壤中污染物修复目标值进行比较。若小于修复目标浓度，则说明没有产生土壤二次污染；若大于修复目标浓度，则说明产生了土壤二次污染，需要对其进行修复，直至土壤中污染物的浓度均小于修复目标浓度为止。

（2）评估结果及建议

本次地块修复效果评估工作按照《效果评估技术导则》及效果评估布点方案的要求执行，针对修复地块清挖后的基坑、化学氧化修复后的土壤、筛上物、地表混凝土块、石油烃（C_{10}～C_{40}）疑似污染土壤，以及潜在二次污染区分别进行了布点采样、检测分析及效果评估工作，评估过程中修复单位对评估不合格的区域进一步进行了清理，监理单位严格执行环境监理各项制度要求。

经分析评估，修复地块土壤污染修复工程中涉及的基坑、化学氧化修复后的土壤、筛上物、地表混凝土块、石油烃（C_{10}～C_{40}）疑似污染土壤，以及潜在二次污染区均已达到修复效果评估要求，整个修复工程二次污染防控措施到位，符合防控预期要求。

7.5 结论与建议

7.5.1 结论

该项目于 2021 年 12 月 12 日完成，修复效果评估单位通过文件审核、现场勘察、检测采样和分析等对地块内土壤修复工作进行调查。检测和评估结果表明修复地块内污染土壤修复后已达到修复目标，待效果评估通过后进行基坑回填，地块修复过程中未发现明显的二次污染，修复效果达到土壤污染风险评估报告确定的修复目标，满足该地块下一阶段再开发利用的要求。

7.5.2 后期监管建议

调查阶段部分地下水砷存在超标，地块地下水严禁开发利用（饮用及清洗等）。在地块开发利用后，如果地块内需要建设水体等景观工程，应采取措施防止地下水涌出至地表的措施，避免人体接触；开发建设期间应采取相应措施，尽量避免人员直接接触，同时，施工过程基坑水经处理达标后方可回用施工或排放市政管网，不得直接排放地表水体。

8 某金矿尾矿库环境提升工程效果评估案例研究

8.1 尾矿库概况

金矿尾矿库位于山谷沟口，初期坝高 16.5 m，坝顶宽 7 m，坝顶长 83 m，设计总库容为 9.2×10^5 m^3，占地 0.081 km^2。尾矿库采用干式排放，堆存全泥氰化工艺产生的尾矿。

8.1.1 区域地质及水文地质概况

尾矿库三面环山，库区地形东高西低，沟谷近东西方向，沟口较窄。区域地层主要为第四系全新统冲积物、坡积物及板岩，库区未见断层发育，地层相对稳定。尾矿库区含水层主要为第四系松散岩类孔隙潜水，赋存于沟内第四系松散覆盖层中，接受大气降水补给。地下水主要经松散孔隙系统、沿地表水流向及两岸河床，由地势较高的位置向地势较低的位置径流，以潜流形式补给基岩裂隙地下水、泉或以蒸发等形式排出。

8.1.2 尾矿库环境调查结论

为了解尾矿库及周边地下水、地表水、土壤的环境质量现状，分别在尾矿库上、下游取地下水、地表水、土壤样品，并取尾矿库渗滤液送有资质的单位检测。

（1）地表水采样分析结论

调查阶段设 6 个监测断面，对比《地表水环境质量标准》（GB 3838—2002）Ⅲ类标准，地表水中主要超标因子是硫酸盐、铁、锰、COD_{Cr}、氰化物、BOD_5。

（2）地下水采样分析结论

为判断金矿尾矿库库区周边地下水环境质量情况，选取了尾矿库下游观测井等地下水水质监测井 5 个，尾矿库下游浸润线监测孔 1 个（DXS-04 样品为尾矿库渗滤液）（图 8-1）。监测结果表明，矿区地下水中超标因子主要有硫酸盐、铁、锰、氨氮、硫化物、氰化物、氟化物、砷和铅。由于金矿尾矿库堆存的为采用全泥氰化工艺产生的尾矿，其特征污染物为氰化物。根据地下水监测井中氰化物监测结果分析，尾矿库上游 DXS-02 和 DXS-03 监测井中氰化物监测浓度分别为 0.056 mg/L 和 0.06 mg/L，尾矿库下游 DXS-05 监测井中氰化物监测浓度为 0.61 mg/L，较上游监测井中氰化物含量有上升的趋势，且监测结果超标，表明尾矿库对下游地下水造成一定污染，原尾矿库库区防渗及截渗墙未完全起到作用。

图 8-1 地下水监测点示意图

（3）土壤采样分析结论

调查阶段共采集 11 个土壤样品（5 个点位的土壤表层样，表层样品 8 个；3 个点位的土壤柱状样，柱状样品 3 个）送检分析，结果表明：采集的 11 个土壤样品均满足《土壤环境质量 建设用地土壤污染风险管控标准（试行）》（GB 36600—2018）和《土壤环境质量标准 农用地土壤污染风险管控标准（试行）》（GB 15618—2018）筛选值要求。

（4）尾矿库渗滤液分析结论

调查阶段采集了尾矿库渗滤液送检分析，结果表明，除氰化物外，其他监测因子均满足《污水综合排放标准》（GB 8978—96）最高排放限值的要求。氰化物超标倍数为 28.79。

8.1.3 尾矿库污染风险评估主要结论

（1）尾矿库的风险评估

综合尾矿库环境危害性（H）、周边环境敏感性（S）、控制机制可靠性（R）3 个方面的等别，对照尾矿库环境风险等级划分矩阵，确定金矿尾矿库环境风险等级为“一般（H2S2R3）”。金矿尾矿库主要危险因素为库外截洪设施未完全做到雨污分流、防渗漏情况不符合环评等相关要求、没有进行尾矿库环境安全隐患排查及治理。

（2）尾矿库风险因子

尾矿库渗滤液除氰化物外，其他因子能够满足《污水综合排放标准》（GB 8978—96）最高排放限值的要求。为分析渗滤液对地下水可能会产生的影响，与《地下水质量标准》（GB/T 14848—2017）Ⅲ类限值进行了对比，铁、锰、铜、氰化物、氟化物、砷等因子浓度超过《地下水质量标准》（GB/T 14848—2017）Ⅲ类限值，对地下水环境存在一定的污染风险。

8.1.4 环境提升方案

8.1.4.1 总体思路

结合金矿尾矿库现状及库区水文地质条件，采取污染源控制和污染羽控制相结合的地下水污染防控措施。污染源控制措施为对尾矿库库面采取物理阻隔和完善雨洪水导排系统，其中库面阻隔由下至上应依次为表面复合衬层、表面水收集排放层、植被层。污染羽控制措施为修建地下水垂直防渗墙和抽水井，防止受污染的地下水向下游运移。同时，建议企业建立地下水长期跟踪监测制度，防止突发地下水污染事件。

8.1.4.2 风险管控范围及工程量

（1）固体废物治理范围及工程量

根据环境调查及风险评估结果，综合考虑风险控制要求、经济技术储备状况、当地环境背景水平，以及工程实施的可行性等因素，确定本次环境整治范围主要包括金矿尾矿库及其下游 100 m 范围。

根据前期调查的布点方案和现有调查数据，对尾矿库堆存体积、面积和深度进行了测量与计算。经鉴别，本次调查范围内尾砂 75 万 m^3（表 8-1），尾矿库目前已完成闭库。

表 8-1 尾矿库治理固体废物土方量

类别	所在区域	占地面积/hm^2	土方量/万 m^3
危险废物	尾矿库	6.84	75
修复治理工业固体废物小计			75

（2）地下水治理范围及工程量

治理面积为尾矿库及周边所在区域，包括尾矿库区域以天然分水岭为界，尾矿库所在流域面积为 1 km^2，尾矿库占地面积 6.84 hm^2。

尾矿库地下水由新建垂直防渗墙进行阻隔，并在防渗墙前设置抽水井，地下水抽取后通过管线输送至水处理车间进行除去氰化物、砷、铅重金属。

8.1.4.3 施工组织设计

金矿尾矿库环境提升工程主要包含以下分项工程：环库截洪工程（含 6 条截洪沟，3 座拦挡坝）、垂直防渗工程（“上墙下幕”，配套抽提井）、库面阻隔防渗及生态恢复工程。

（1）环库截洪工程

本次金矿尾矿库环境提升工程环库截洪工程主要设计内容包括 1 号～3 号拦挡坝、1 号～6 号截洪沟，实现清污分流（图 8-2）。

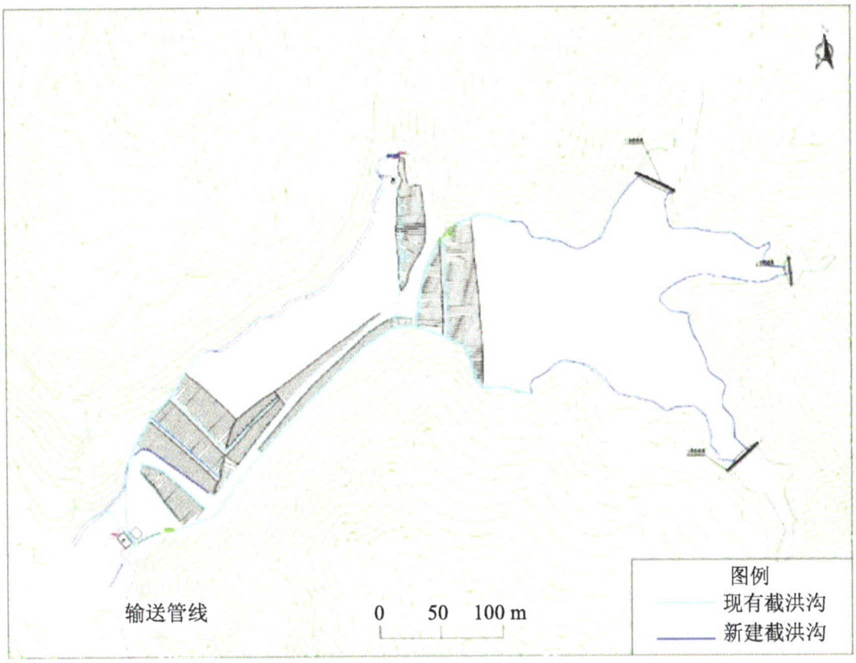

图 8-2　尾矿库现有和新建截洪沟示意图

1 号～3 号拦挡坝均采用浆砌石结构，Mu40 块石、M10 水泥砂浆砌筑，其中：1 号拦挡坝坝高 7.0 m，坝顶标高 1 850.0 m，坝顶宽度 1.5 m，上游坡比 1∶0.1，下游坡比为 1∶0.3；2 号拦挡坝坝高 10.0 m，坝顶标高 1 854.0 m，坝顶宽度 1.5 m，上游坡比 1∶0.1，下游坡比 1∶0.4；3 号拦挡坝坝高 7.0 m，坝顶标高 1 850.0 m，坝顶宽度 1.5 m，上游坡比 1∶0.1，下游坡比 1∶0.3。

1 号～6 号截洪沟采用浆砌石结构，Mu30 毛石、M7.5 水泥砂浆砌筑，梯形断面。

（2）垂直防渗工程

1）垂直防渗墙。金矿尾矿库基础防渗处理采用混凝土防渗墙+帷幕灌浆进行防渗处理。

防渗墙布置在尾矿库下游，防渗墙布置自 8 号孔位置朝 2 号孔位置方向布置，为了避开山坳，在 2 号孔朝 1 号孔方向弯折，8 号孔朝 9 号孔方向弯折。左、右岸均截至防渗墙顶面线与中风化顶相交位置。防渗墙顶面长度 100.43 m，防渗墙顶高程为 1 792.31 m，防渗墙深度确定为强风化下限向下伸长 1 m，防渗墙厚度为 0.8 m，防渗墙面设计 889.73 m^2，实际为 1 035.85 m^2。防渗墙采用混凝土防渗墙，渗透系数为 1×10^{-7}（图 8-3）。

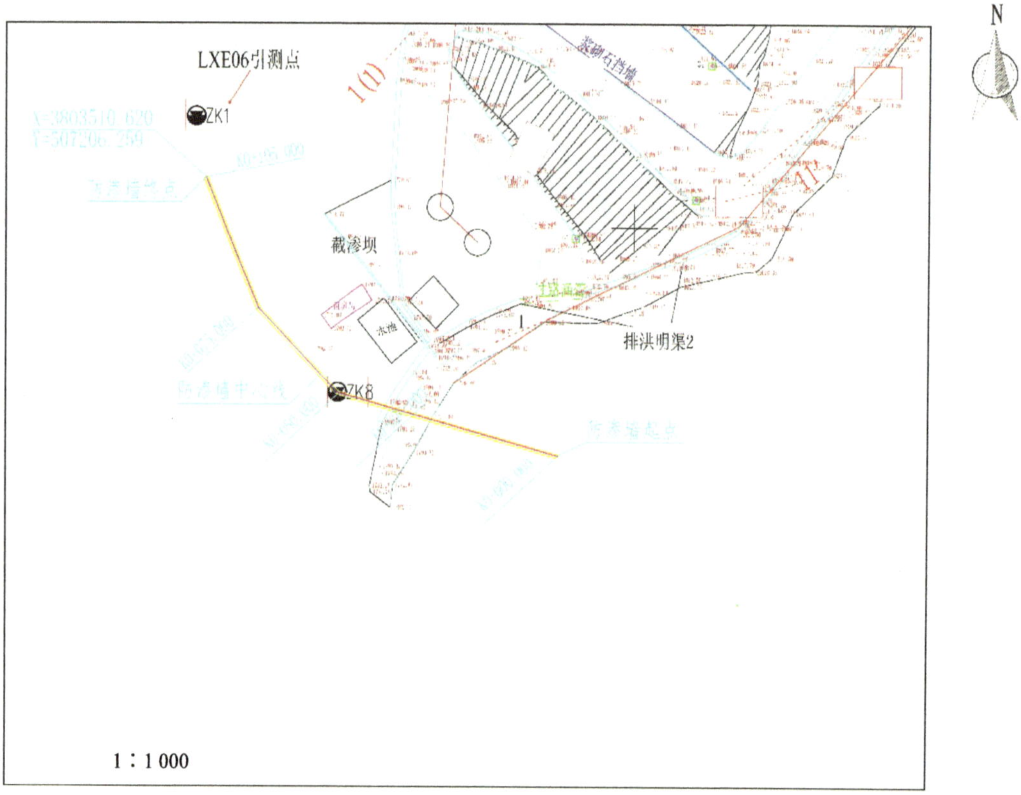

图 8-3 垂直防渗墙平面布置图

左右岸防渗墙在山体以下，覆土厚度 12 m 左右，采用明挖方式，开挖料基本为岩石。岩石开挖底宽根据防渗墙施工面确定为 12 m，岩石开挖量计划 1.42 万 m^3，实际开挖 1.75 万 m^3。岩石开挖后就近堆放，基础处理完工验收后原位回填。

防渗墙底部设置两排帷幕灌浆孔，帷幕灌浆孔排距 0.6 m，孔距为 1.5 m，帷幕灌浆深入微风化板岩 1.5 m。防渗墙浇筑前在墙内帷幕灌浆孔位预埋两排 ϕ 89 铁管至帷幕灌浆顶部。先施工下游排帷幕灌浆孔，后施工上游排帷幕灌浆孔。每排分为三序施工，逐序加密。其中Ⅰ序、Ⅱ序孔采用水泥灌浆，Ⅲ序孔采用化学灌浆。帷幕灌浆压力为第一段 0.2 MPa、第二段 0.5 MPa、第三段 0.8MPa；最终灌浆压力需经现场灌浆压力试验确定；帷幕灌浆具体参数参照《水工建筑物水泥灌浆施工技术规范》（SL 62—2014）。帷幕灌浆控制吕荣值为 $q<1$ Lu。

2）监测井。综合考虑场地垂直防渗后地下水流向和水量，以防范环境风险为首要目标，在新建和现有垂直防渗墙内外设置地下水抽提设施及监测设施。在新建截渗墙与现有截渗墙之间设置 2 口抽提井；新建截渗墙外侧上游及下游共设置 6 口监测井，其中下游 1 口监测井可兼做应急抽提井（表 8-2、图 8-4）。

表 8-2 垂直防渗墙外监测井分布

序号	编号	位置	作用	备注
1	①抽提井	垂直防渗墙上游	抽提井	
2	②抽提井	垂直防渗墙上游	抽提井	
3	ZK1-3	垂直防渗墙下游 5 m	垂直防渗墙效果监测	兼作应急抽提井
4	ZK1-4	垂直防渗墙下游 5 m	垂直防渗墙效果监测	
5	ZK1-5	垂直防渗墙外河道上游	河道上游对照点	
6	ZK1-7	垂直防渗墙外河道上游	河道上游对照点	
7	ZK1-9	ZK1-4 外侧 15 m 处	垂直防渗墙效果监测	
8	ZK1-10	垂直防渗墙外河道下游	河道下游关系点	

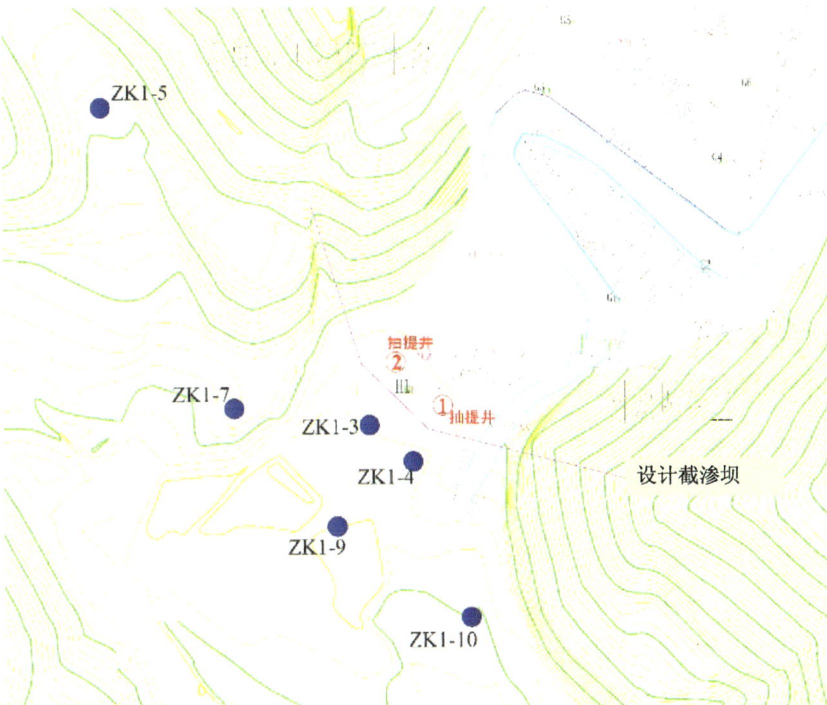

图 8-4 垂直防渗工程监测井分布图

（3）库面阻隔防渗及生态恢复工程

金矿尾矿库目前已闭库，为了避免降水汇入库区继续淋滤尾矿，同时达到恢复生态环境、保持水土的目的，本工程对尾矿库表面采取阻隔防渗工程，主要分为尾矿库库面水平阻隔工程和生态恢复工程。

1）库面水平阻隔工程。设计拟对尾矿库前库、后库的库面（不含坡面）进行封场阻隔，参照《危险废物填埋污染控制标准》（GB 18598—2019），本项目封场水平阻隔设计结构层如下：从下往上依次为 300 mm 天然土层、1.5 mm HDPE 土工膜防渗层、复合土工网排水层，200 mm 卵石层和 600 mm 覆盖土层。库面水平阻隔工程可防止库面雨水下渗进入尾砂，后库库内雨水汇流至库尾，可通过排洪斜槽排出尾矿库进入坝下回水池，处理后再回选厂使用。前库库面雨水汇入截洪沟排出尾矿库。

堆积坝坝坡在现有 300 mm 覆土层的基础上，再增覆 300 mm 植被土层，覆土后进行生态恢复，马道现有排水设施保留。

2）生态恢复工程。根据场地现状进行平整，全部采用客土填方。客土回填：对阻隔防渗后的库面进行全面覆土，本项目设计的库面覆土厚度为 600 mm，坝坡覆土厚度 300 mm。

植被恢复拟采用撒播草籽方式。草籽采用紫花苜蓿和白三叶等，库面生态恢复面积计划 3.98 hm^2，实际恢复面积约为 4.07 hm^2，坝坡生态恢复面积约为 1.16 hm^2。

8.1.4.4 风险管控目标

（1）有效解决库区内环境隐患

1）完善库区雨洪水导排系统（环库截洪沟），形成场外雨、洪水截留和场内雨、洪水导排的复合型雨水导排及防洪系统，实现库区的清污分流。

2）在尾矿库现有截渗墙内设置地下水抽水井，抽出地下水至地表进行处理。

3）在尾矿库现有截渗墙下游合适位置新增地下水垂直防渗墙，并在新增截渗墙内设置地下水抽水井，将上游地下水抽回至地表进行处理，下游设置地下水监控井（兼作抽水井）。

4）对库面进行封场，库面采取多层阻隔防渗措施，自下而上分别为 300 mm 天然材料层、1.5 mm 厚 HDPE 膜防渗层、复合土工排水网层、200 mm 暖石层、600 mm 厚植被恢复层。按照《危险废物填埋污染控制标准》（GB 18598—2019）的要求进行永久封场，及时铺种草皮或者种植短根系植物，改善景观和生态环境，同时起到保持封场覆土层流失的作用。

采取制定的整改措施后，现有尾矿库能够达到水平防渗和垂直防渗的效果要求，实现对尾矿库渗滤液的有效控制，不会对下游地下水造成不利影响，达到库区环保治理要求的目标。

（2）总体改善区域环境质量

在环境综合整治范围内，以风险管控为主要手段，消除或控制污染风险，工业固体废物得到安全处置，尾矿库渗滤液等得到有效收集和处理，使土壤环境质量不恶化，地下水环境质量有所好转。

（3）提高矿山环境管理水平及完善环保措施

公司对企业相关生产工艺和设备进行技术升级改造并取得相应环保手续。同时完善各项环保管理制度，使工业污染源得到有效治理和控制。开展企业环保技术培训，提高企业员工的环境管理水平及环保意识。

8.2　修复施工过程

8.2.1　实施情况

2019 年 8 月 5 日施工单位正式开展施工工作，2019 年 11 月 28 日主体工程竣工，2019 年 12 月 3 日通过项目工程竣工验收，总结如下：

1）环库截洪工程完成 6 条截洪沟和 3 座拦挡坝建设，其中 1#、2#、3#、4#和 6#截洪沟位于尾矿库后库，5#截洪沟位于尾矿库前库；1#、2#、3#拦挡坝位于尾矿库后库的 3 个沟口处。

2）垂直防渗工程划分为 22 个单元工程，其中防渗墙工程 15 个单元，帷幕灌浆工程 7 个单元。优良单元 22 个，优良率 100%，无重要隐蔽单元工程（关键部位单元工程）。原材料、中间产品质量全部合格，未发生过质量事故。

3）库面阻隔防渗及生态恢复工程主要对尾矿库前库、后库的库面（不含坡面）进行封场阻隔，阻隔结构层如下：从下往上依次为 300 mm 天然土层、1.5 mm HDPE 土工膜防渗层、复合土工网排水层、200 mm 卵石层和 600 mm 覆盖土层。库面水平阻隔工程可防止库面雨水下渗进入尾砂，后库库内雨水汇流至库尾，可通过排洪斜槽排出尾矿库进入坝下回水池，处理后再回选厂使用。前库库面雨水汇入截洪沟排出尾矿库。

堆积坝坝坡在现有 300 mm 覆土层的基础上，再增覆 300 mm 植被土层，覆土后进行生态恢复，马道现有排水设施保留。植被恢复采用撒播草籽方式。草籽采用紫花苜蓿、白三叶等，库面生态恢复面积约为 4.07 hm^2，坝坡生态恢复面积约为 1.16 hm^2。

综上所述，施工单位完成了金矿尾矿库环境提升工程全部施工工作，全过程严格按照初步设计中的技术及施工要求实施，合理合规，各项监测均满足初步设计的要求，达到风险管控目标。

8.2.2 二次污染防控情况

为监控环境提升工程对周边环境的影响，第三方环境监理机构对施工准备阶段、工程实施阶段和竣工阶段进行了全程监理。

在施工准备阶段，环境监理人员收集了该项目相关的工程技术资料并与环境影响评价报告书，以及批复中要求的环保设施、设备与工程设计在规模、工艺、材料等方面的情况进行对比审查。对该工程进行了实地考察，并编写了环境监理实施方案。在工程实施阶段，从施工废水、施工扬尘、施工噪声、固体废物、生态保护五个方面对该工程进行施工期的全程监理，落实环保投资，核查项目环保设施的建设情况，现场记录环境监理日志，编写项目环境监理月报、季报。在竣工阶段，督促施工单位修复和复原在建设过程中受到破坏的环境，同时完成该工程环境监理报告。

在该尾矿库环境提升过程中，施工单位严格按照生态环境部相关技术导则和规范要求开展工作，施工过程未发生二次污染情况，并已达到预期提升目标。

8.3 更新地块概念模型

在资料回顾、现场踏勘、人员访谈的基础上，对尾矿库环境提升工程情况进行了掌握，结合尾矿库水文地质条件、污染物分布、污染物迁移转化机制、环境提升工程特点、管控工程布局等信息，完善了尾矿库环境提升工程的概念模型（表 8-3）。

表 8-3 更新概念模型具体情况

序号	名称	信息概况		
		工程施工前	工程施工后	备注
1	污染源	本项目污染源为 75 万 m^3 的危险废物	本项目污染源为 75 万 m^3 的危险废物	无变化
2	库区水文地质情况	包气带厚度 0.8～24.0 m，尾矿库区岩性从上到下依次为，人工填土：厚度 0.8～6.5 m，上浮植被，表层含植物根系；尾矿粉土，厚 4.9～13.5 m，如钻孔 ZK2-4，库中心最厚，两侧较浅。 库区周边包气带岩性从上到下依次为第四系残坡积物：3.3～7.3 m；强风化板岩：厚度 1.0～1.5 m，如钻孔 ZK2-12	由于是闭库尾矿库，库内尾砂未动。仅截洪沟施工区域和垂直防渗墙区域进行了开挖和回填，部分区域地层结构有一定的变化	有变化
3	地下水补给、径流、排泄条件	勘察区施工时部分钻孔揭露出地下水，揭露地下水位埋深 0.86～24.14 m，水位高程 1 809.00～1 841.54 m。揭露地下水属第四系松散岩类裂隙潜水，主要受大气降水补给，少量受山体沟谷侧向潜流补给，地下水沿沟谷自上游向下游径流，排泄方式主要为人工排水井排泄及自然蒸发。 含水层主要为第四系冲洪积物、坡积物、强风化板岩等，含水层厚度 1.5～10.8 m，微风化泥质砂岩和板岩为隔水顶板，高程 1 807.96～1 843.86 m，受大气降雨影响，水位变化幅度较大，为 1.0～2.3 m，富水性一般	通过库面阻隔防渗工程和生态恢复工程的实施，阻断了大气降水补给，库区地下水仅受少量山体沟谷侧向潜流补给。通过垂直防渗工程的实施，地下水沿沟谷自上游向下游径流被阻断在库区内，同时通过抽提井将库区内地下水（渗滤液）抽提至中水池，经过处理后，回用到选厂	有变化
4	库区地层稳定性	前坝库内地层自尾粉土以下为强风化板岩及中风化板岩，强风化板岩厚 5～10 m，岩性破碎，为大量板岩碎块及部分黏性土混合物，中等密实度，下部中风化板岩为完整性较好板岩，岩性坚硬，节理裂隙发育，底部未发现陡倾斜基岩层面，因此除外部力量（洪水、地震）作用外，尾矿库岩层及前坝体发生整体滑移的可能性较小	前坝库内地层自尾粉土以下为强风化板岩及中风化板岩，强风化板岩厚 5～10 m，岩性破碎，为大量板岩碎块及部分黏性土混合物，中等密实度，下部中风化板岩为完整性较好板岩，岩性坚硬，节理裂隙发育，底部未发现陡倾斜基岩层面，因此除外部力量（洪水、地震）作用外，尾矿库岩层及前坝体发生整体滑移的可能性较小	无变化

序号	名称	信息概况		
		工程施工前	工程施工后	备注
5	污染物迁移及转化机制	通过雨水淋溶作用，危险废物中污染物一部分进入地下水，另一部分通过地表径流污染下游地表水	通过拦挡坝将库区外雨水拦挡在尾矿库外，减少进入尾矿库的雨水量，同时将雨水导流至截洪沟排出尾矿库外，达到清污分流的目的；通过库面阻隔工程，将前库库面雨水汇入截洪沟排出尾矿库，将后库库内雨水汇流至库尾，通过原有排洪斜槽排出尾矿库进入坝下回水池，处理后再回选厂使用，减少渗滤液的产生；通过垂直防渗工程，将库内自有渗滤液拦挡在尾矿库内，并通过抽提井抽提至中水池，处理后再回选厂使用，不进一步污染周边地下水	有变化
6	周围敏感受体	周边敏感受体包括附近村庄、库区周边及下游的地下水环境、王河、燕子河，以及周边农田、植被和土壤等	周边敏感受体包括附近村庄、库区周边及下游的地下水环境、王河、燕子河，以及周边农田、植被和土壤等	无变化

8.4 效果评估

8.4.1 评估方案

本次效果评估针对环境提升工程中环库截洪沟、垂直防渗工程、库面阻隔防渗及生态恢复工程，从工程性能指标和污染物指标两个方面进行效果评估。主要通过审核施工资料、工程监理报告及相关资料、现场踏勘、人员访谈，并结合污染物指标进行综合评价。同时对周边潜在二次污染区和周边地表水进行采样检测，分析环境提升工程施工过程中二次污染情况以及竣工后对周边地表水的改善情况。

8.4.2 环库截洪沟工程效果评估

根据资料审核，环库截洪沟工程开展了专项方案设计，原材料（水泥、砂、碎石、块石、钢筋）的检测报告，混凝土抗压、砂浆抗压和压实土密实度的检测报告，砌筑砂浆配合比、混凝土配合比等报告均通过了工程监理的审核，被批准用于环库截洪工程截洪沟的使用；根据施工质量验收记录，土方开挖工程、混凝土浇筑、钢筋安装、钢筋隐蔽、模板安装、土方回填、勾缝抹面等主控项目全部合格，一般项目符合要求。

根据现场踏勘、人员访谈，环库截洪沟工程中1#、2#、3#拦挡坝良好的阻止了尾矿库外地表径流进入尾矿库，并将库区外雨水引入新建截洪沟。新建1号、2号、3号、4号、5号、6号截洪沟首尾相接，可将库区外雨水以及前库库面雨水导流并排出尾矿库外，实现清污分流，达到预期效果。

8.4.3 垂直防渗工程效果评估

（1）工程指标

根据资料审核，垂直防渗工程开展了专项方案设计。水泥砂子检测报告、混凝土检测报告、帷幕灌浆水泥检测报告结果均显示合格。防渗墙1#～15#槽段混凝土抗压强度实验检测报告显示强度等级达到C20，防渗墙1#～15#槽段混凝土抗渗性能注水试验检测报告显示抗渗性能可达到10^{-7} cm/s，满足设计要求。

根据现场踏勘，尾矿库现场新增6口监测井和2口抽提井，符合施工组织设计要求。

（2）地下水中污染物指标

防渗墙外8 m处地下水井中污染物浓度变化情况见表8-4。

表8-4 管控工程实施前后地下水pH及污染物浓度变化情况

施工阶段	地下水井	pH	氰化物浓度/（mg/L）	砷浓度/（mg/L）	铅浓度/（mg/L）
地下水III类标准		6～9	≤0.05	≤0.01	≤0.01
工程实施前	DXS-05（防渗墙外8 m处）	8.3	0.610	0.000 5	0.016
工程实施后	3#（防渗墙外8 m处）	7.4	0.006	2.14×10^{-3}	$<3.6\times10^{-4}$
变化情况	—	—	下降	达标	达标

从氰化物来看，防渗墙外氰化物浓度均达标，且防渗墙内1#井和2#井浓度大于防渗墙外监测井，说明氰化物的影响被控制在防渗墙之内。由于防渗墙的建设，地下水（包括山体裂隙水及尾矿库渗滤液）在防渗墙内汇集，且由于尾矿库表面防渗工程，渗滤液减少，地下水的稀释作用较之前有所增大，导致防渗墙内氰化物浓度也未超标。

总体来说，工程实施后氰化物、砷、铅浓度均达到《地下水质量标准》，满足实施方案要求，垂直防渗工程达到了管控目标。

8.4.4 库面阻隔防渗及生态恢复工程效果评估

（1）库面水平阻隔工程

根据资料审核、现场踏勘和人员访谈，库面阻隔工程分为前库和后库两部分，主要为库面（不含边坡）阻隔。通过审核库面阻隔防渗工程原材料，1.5 mm 糙面 HDPE 土工膜有出厂合格证和检验报告，同时施工单位委托第三方测试中心进行测试，检测结果合格。

根据前库库面阻隔防渗工程施工质量验收记录，基层平整、HDPE 土工膜、复合土工排水网施工质量检验批质量验收记录通过监理单位验收；卵石层达 200 mm 以上、覆土层大于 60 cm，通过监理单位验收；土工膜隐蔽验收记录、复合土工排水网隐蔽验收记录显示 HDPE 膜和复合土工排水网满足设计要求，前库水平阻隔分项工程整体验收结论为合格。同时，后库水平阻隔分项工程整体验收同为合格。

库面水平阻隔工程可防止库面雨水下渗进入尾砂，前库库面雨水汇入截洪沟排出尾矿库，后库库内雨水汇流至库尾，通过原有排洪斜槽排出尾矿库进入坝下回水池，处理后再回选厂使用。整体来看，库面水平阻隔工程达到防止库面雨水下渗进入尾砂进而污染地下水的效果。

堆积坝坝坡在现有 300 mm 覆土层的基础上，再增覆 300 mm 植被土层，覆土后进行生态恢复，马道保留现有排水设施。

（2）回填土质量情况

将库面阻隔防渗工程回填土检测结果与《土壤环境质量　农用地土壤污染风险管控标准（试行）》（GB 15618—2018）筛选值进行比较，检测指标重金属镉、汞、铅、六价铬、砷、铜、镍、氰化物均达到标准，不会带来二次污染问题。

（3）生态恢复工程

本项目生态恢复工程主要是在库面阻隔防渗的基础上，在库面覆土层采用撒播草籽方式开展，草籽采用紫花苜蓿和三叶草。根据现场踏勘，库面生态恢复良好（图 8-5）。

前库

后库

图 8-5 尾矿库区生态恢复情况

8.4.5 潜在二次污染区域效果评估

将潜在二次污染区检测结果与《土壤环境质量 农用地土壤污染风险管控标准（试行）》（GB 15618—2018）污染筛选值进行比较，检测指标镉、汞、铅、六价铬、砷、铜、镍、氰化物均达标，未带来二次污染问题。

8.4.6 周边地表水效果评估

总体来看，氰化物、铁、锰和 COD_{Cr} 均已达到了 GB 3838—2002 地表水III类标准。硫酸盐指标整体上表现出一定的超标态势，在尾矿库河道上游 DB3 点、DB5 点（均位于尾矿库河道上游，DB3 在 DB5 上游约 100 m 处）以及尾矿库河道支流上游 DB4 点均表现出了严重的超标，在尾矿库河道下游的 DB6 点浓度最低（表 8-5）。在一定程度上反映出，该地区硫酸盐指标整体背景值较高，并非由金矿尾矿库所引起。整体上，尾矿库提升工程的实施改善了周边水环境，达到了预期的效果。

表 8-5 地表水检测结果 单位：mg/L

指标	地表水III类标准	DB3	DB4	DB	DB5	DB6
硫酸盐	250	955.8	1 308	1 300	902	634
氰化物	0.2	0.002	0.003	<0.002	0.005	0.004
铁	0.3	3.96×10^{-3}	4.81×10^{-3}	4.90×10^{-3}	4.81×10^{-3}	3.08×10^{-2}

指标	地表水Ⅲ类标准	DB3	DB4	DB	DB5	DB6
锰	0.1	1.93×10^{-3}	7.20×10^{-2}	4.80×10^{-2}	2.04×10^{-3}	1.16×10^{-2}
COD_{Cr}	20	＜10	＜10	＜10	＜10	＜10

注：DB 为 DB4 的密码平行样。

8.5 结论与建议

8.5.1 效果评估结论

环境提升工程包括环库截洪沟工程、垂直防渗工程、库面阻隔防渗及生态恢复工程三大分项工程，施工单位自 2019 年 8 月 5 日正式开工，2019 年 11 月 28 日主体工程竣工，2019 年 12 月 3 日通过项目工程竣工验收。

效果评估单位先后对本尾矿库相关文件进行梳理，查阅项目实施过程中施工单位、监理单位的实施方案、竣工报告、监理验收报告，以及过程管理资料、各方工作总结报告等文件，并经现场调查、人员访谈及效果评估，得出如下结论：

1）环库截洪沟工程中 1#、2#、3#拦挡坝和 1#、2#、3#、4#、5#、6#截洪沟均按照设计要求执行，经监理验收符合设计要求。拦挡坝可阻止尾矿库外地表径流进入尾矿库，并将库区外雨水引入新建截洪沟。新建截洪沟可将库区外雨水及前库库面雨水导流并排出尾矿库外，实现清污分流，达到预期效果。

2）垂直防渗工程中防渗墙两侧深入山体基岩中，防渗墙深度 150 m 达到强风化下限向下伸长 1 m，防渗墙厚度达到 0.8 m，帷幕灌浆采用水泥灌浆和化学灌浆，嵌入微风化 1.5 m，经监理验收符合设计要求。

通过注水试验，垂直防渗系数达到 1.0×10^{-7} cm/s，可将库内渗滤液控制在尾矿库内。尾矿库现场新增 6 口监测井，符合设计要求。通过新建的 2 口抽提井可将渗滤液抽提至中水池，并经处理后回用至选厂，有效控制库内污染扩散，保护周围土壤和地下水。根据地下水中污染物检测结果显示，防渗墙外的 3#点和 9#点已经达到 GB/T 14848—2107 地下水Ⅲ类标准。

3）库面水平阻隔工程按照设计要求执行，经监理验收符合设计要求，减少了渗滤液的产生。库面生态恢复情况良好，达到预期效果。

4）根据环境监理报告，项目施工期基本上落实了环评报告表中提出的环境影响减缓措施及要求，施工期噪声、废水、生活污水、扬尘污染得到了有效的控制，开挖、道路修筑按照环评及批复的要求，实施了多项水土保持措施，使工程建设造成的水土流失得到有效的控制，施工期间未出现环境污染和生态破坏事件。

5）潜在二次污染区土壤的检测结果显示，污染物镉、汞、铅、六价铬、砷、铜、镍、氰化物均达到 GB 15618 中筛选值，施工过程未带来二次污染问题。

6）周边地表水检测结果表明，氰化物、铁、锰和 COD_{Cr} 均已达到 GB 3838—2002 地表水Ⅲ类标准。硫酸盐指标整体上表现出一定的超标态势，主要是因为该地区硫酸盐指标整体背景值较高，并非由金矿尾矿库所引起。

综上所述，本工程资料完备，施工过程规范，各项工程措施及环保措施落实情况较好，未对周边环境带来二次污染问题。通过各分项工程的实施有效地控制了尾矿库渗滤液向外进一步扩散，达到预期效果。

8.5.2　后期环境监管建议

1）后期管理一般在效果评估通过后介入，由建设单位负责落实实施。

2）利用目前已经设置的地下水监测井网，开展地下水中氰化物、砷和铅的长期监测。效果评估通过后第 1 年内监测频率建议每季度监测 1 次；1～5 年，建议每半年开展一次，并根据监测数据和实际情况进行调整。若地下水中污染物浓度达到 GB/T 14848—2107 地下水Ⅲ类质量标准，则可停止监测，若地下水中污染物浓度有上升趋势，应及时开展工程方面的检查和维护。地下水中污染物浓度趋势判断方法参照《污染地块地下水修复和风险管控技术导则》（HJ 25.6—2019）。

3）由于库面阻隔防渗材料 HDPE 土工膜等材料的柔软性，尾矿库后期管理单位需做好尾矿库防渗层的保护。建议在尾矿库进出口设立项目告示牌，严禁对尾矿库库面进行开挖、钻探等作业，避免对尾矿库库面防渗结构造成破坏。同时，做好对尾矿库四周截洪沟、马道及封场绿化等基础设施的日常维护。

4）由于本项目是闭库尾矿库环境提升项目，影响后期实施效果的因素较多，建设单位应加强后期监管。

第四部分

展望与建议

9 技术创新与发展趋势

9.1 绿色可持续修复技术将进一步推广

美国、欧盟等发达国家和地区在可持续修复方面已形成了较完整的体系，然而国内对于该领域的研究和运用仍处于起步阶段，原位修复技术大多受地块水文地质条件、土壤性质、污染浓度等因素影响，存在修复“瓶颈”或极限等问题的可能性，受经济发展以及高强度土地开发等需求影响，绿色低碳化的修复技术普及率较低。2023 年 12 月，生态环境部印发的《关于促进土壤污染风险管控和绿色低碳修复的指导意见》中明确指出了现阶段土壤修复存在过度修复、资源能源消耗和二次污染风险等问题，在注重经济可行基础上突出资源能源节约高效利用导向，优化工艺设计，优先选择原位修复、生物修复、自然恢复为主的绿色可持续修复技术。

9.2 AI 智慧决策平台助力效果评估

江苏无锡（梁溪区）建立集成辖区土壤修复全过程 AI 智慧决策平台，实现了土壤修复全过程精准高效实时监管。制定了统一接入规范，全面接入、深度融合各类监管数据，结合移动端，数字化、可视化集成所有进程节点，实现了全过程追溯和动态监管。

（1）“环境监控”防控二次污染

该平台可完成 24 小时连续上传监测数据、数据比对和历史数据追溯，并直观展示污染防控区域环境监测信息，实现及时预警和异常处理，有效解决监控不连续性难题，显著降低二次污染风险。以某修复项目为例，接入平台后，及时处置 75 个超标数据，其二次污染信访投诉率仅为同期周边地块的 4.8%，信访办理满意率 100%。

（2）“过程监控”规范修复过程

平台运用 24 小时视频监控、数字孪生（通过物联网、AR 建模等技术模拟仿真，对实时进展、过程状态进行监控分析、综合展示），实现远程实时巡查，及时制止违法行为。针对外运污染土壤追踪监控难点，创新跨市转移“电子联单”依托平台实现土壤外运车辆“一车一 GPS 轨迹”，实时监控位置、速度、装载等状态并对异常情况预警，支撑移出、承运、接收全流程监管和溯源，消除外运非法处置隐患。以某修复项目为例，通过平台对外运污染土壤监控预警，传导运输与处置压力，每车运输时间缩短 27%，每批次处置时间缩短 21%，合规处置率保持 100%，监管效能显著提升。

（3）“数据监控”助力效果评估

平台通过物联网技术接入原位热脱附设备数据，全过程掌控热脱附加热温度、加热时长及工艺进展，填补了修复工艺监管空白。同时，平台支持预检、自检、效果评估监测、监督性检测等数据录入和自动分析，应用数字孪生可实现修复治理效果回放，助力效果评估说清成效。如某修复项目通过平台生成效果评估孪生图，直观展示了 4.5 万个土壤与 1 000 余个地下水监测数据及达标情况，为治理成效提供了最可靠的原始台账。据统计，通过平台辅助开展效果评估的 3 个项目评审均一次性通过，且较其他项目专家预审时间缩短 42%，效果评估质效提升显著。

10 进一步加强污染地块风险监督管理的建议

“十三五”期间，我国基本建立了土壤污染防治政策管理框架，土壤污染加重趋势得到初步遏制，土壤修复行业实现了飞速发展。为了进一步实现“土十条”提出的土壤环境质量到2030年扭转为“稳中向好”的局面，针对污染地块环境管理和技术要求提出以下建议。

10.1 加强污染地块全过程监督管理

1）切实加强全过程管理中的质量控制环节。例如，广东省广州市对效果评估阶段的实验室检测提出了明确的规定，外部质量控制采用密码平行样品分析和平行样品抽样分析的方法进行，进一步降低了样品采样和检测环节的不确定性。建议将调查阶段样品质量控制提升到与效果评估同等重要的位置。在风险评估评审和修复方案制订阶段，评审部门和评审专家应更加关注修复范围的科学性、合理性，存疑时应及时要求地块使用权人或组织第三方采样验证，避免把更多问题累积到效果评估阶段。

2）鼓励效果评估阶段对修复范围之外区域（非污染区域）进行验证采样。从制度上进行创新，发现问题后结合更新地块概念模型情况，重新开展风险评估工作，风险表征计算如超过人体可接受水平，从管理程序上允许对风险评估报告进行变更，并要求施工单位补充增加相关技术方案和修复工作，确保人民群众“住得放心”。

3）要防止污染地块引入新增污染土壤，修复工程中如有外购土壤，建议对外购土壤进行采样检测，检测指标应不少于《土壤环境质量　建设用地土壤污染风险管控标准（试行）》（GB 36600—2018）中规定的45个基本指标。

10.2 推进管理创新，探索更灵活的管理模式

进一步落实中共中央办公厅、国务院办公厅印发的《关于构建现代环境治理体系的指导意见》，对工业污染地块鼓励采用“环境修复+开发建设”的模式。在修复效果和土地开发利用之间找到平衡点。在加强生态环境部门监管的前提下，积极探索在污染地块内分区块分步开发利用的可行性。对已有效去源或已切断污染途径且在风险管控或修复后达到修复目标的区块，在对清挖出来的污染土壤实施有效监管并在预期的一段时间内可完成治理修复的情况下，允许该地块的土地进行开发利用，从而促进环境修复与经济发展之间的协调性。广州市生态环境监管部门积极探索一体化推进土地再开发利用与环境管理，创新提出建设用地可先出让再开展土壤污染修复和管控，修复达标后再开发建设（“净土开发”），即一体化推进土壤修复与后续项目建设，前期筹备时间同步并行，缩短污染地块再开发利用的总体时间，将主体责任分解落实。另外，对于开发时间紧迫且后期建筑规划明确的地块，可以探索将修复工程与建设项目施工相衔接，如将土壤清挖深度与项目规划开挖高程、地下空间设计相结合，缩短治理修复与效果评估的时间。

10.3 加快提高从业人员素质，积极推动土壤污染修复市场环境更加规范有序

人才队伍短缺已经成为制约行业发展的重要“瓶颈”问题。我国土壤修复行业人才队伍的培养缺乏总体考虑，商业化的短期培训效果不佳，获取工程实践经验的渠道和途径非常有限。因此，需重点在行业自律、人才培养、标准制定、奖惩机制等多个方面规范从业要求。《中华人民共和国土壤污染防治法》提出对从业单位和个人实行信用管理制度，并针对不同的违法情况分类提出了相应的罚则要求。由此，报告评审通过率、单位和个人签名确认制度、终身责任追究制度、信用管理制度，以及违法后承担的行政刑事责任，共同构成了从业单位和人员的管理体系。2021 年 6 月 30 日，生态环境部印发了《建设用地土壤污染风险管控和修复从业单位和个人执业情况信用记录管理办法（试行）》，为规范和加强建设用地土壤污染风险管控与修复从业单位和个人执业情况的信用记录管理，增强从业单位和个人诚信自律意识和信用水平，营造公平诚信的市场环境和社会环

境提出了国家要求。下一步应落实好相关制度，加大生态环境领域的监管力度，促进第三方服务市场健康发展，进一步探索实施环境修复咨询服务与工程施工机构和从业人员的信用评价制度的管理与使用。另外，鼓励社会组织开展土壤环境咨询服务、修复工程实施、设计方面专业培训教材的编制，按照土壤环境修复“大学”人才培训的思路系统开展土壤修复各类专业人员的社会化培训。

10.4 积极探索开展地下水修复和风险管控效果评估分阶段实施和分阶段退出的试点工作

污染地块人为治理修复活动的主要目标是使土壤和地下水质量达到对人体健康无害的水平，而要完全恢复到背景浓度或者相关的质量标准水平则主要依靠在实现控源前提下污染物在土壤生态环境下的自然衰减作用，这样既保护了人体健康和环境安全，同时大幅降低了资金上的需求。建议结合我国试点工程开展地下水修复和风险管控效果评估分阶段实施和分阶段退出的试点工作。以在第二类用地上开发公园绿地等环境敏感性相对较低的项目为试点，开展先行先试，探索分阶段实施和退出的可行性和操作规程。例如，在地下水修复技术方案设计阶段，可从去除污染源的角度设定一个修复目标，达到修复目标后即可进入风险管控阶段（自然衰减阶段），可在修复阶段结束后进行效果评估，效果评估通过后进入长期监管阶段。

10.5 重视更新概念模型，鼓励“后风险评估”

为了体现效果评估新定位，《效果评估技术导则》明确提出应更新修复概念模型，这需要梳理从场地调查评估到修复工程实施的全过程资料。更新地块概念模型是贯穿于整个效果评估过程的一项工作，需要对场地每一种情况的变化均进行梳理和更新，确保修复工程完工后场地的风险达到可接受水平。更新概念模型主要包括潜在受体与周边环境情况发生变化，如地块规划用途改变、新增建筑结构设计详细资料、修复工程结束后污染介质与受体的相对位置关系发生变化，或受体的关键暴露途径改变等导致污染地块的暴露途径和暴露受体改变，进而进一步影响地块的风险水平。这种情况下，建议依据更新后的地块概念模型开展补充风险评估，即后风险评估，确保修复后污染地块的风险达到可接受水平。如受场地以及工期紧的限制，无法每一批次样品均开展四季度采样检测，建议可采取一批次效果评估合格后即可回填，回填后再根据实际情况加大抽检力度的方法，在技术效果和实际工程需要中寻找平衡点和结合点。

另外，原位修复技术的局限性也需要后风险评估以确认地块的安全性。根据国家导则粗略估计，在进行原位修复技术效果评估时一个点位代表的土方量可达到 4 800 m^3，与异位修复后一个土壤采样点位代表 500 m^3 土壤相比，原位修复技术的采样要求显得更宽松。同时，由于受土壤质地、水文地质情况、修复技术选择、修复设施运行情况等多方面因素的影响，原位修复效果的差异性较为显著，效果评估时宜布置更密集的点位来评估修复效果。建议结合不同类型的原位修复技术，有针对性地制定效果评估技术规定，以风险评估要求加强原地原位修复策略下的效果评估采样方法、布点密度和判定标准等内容，细化规定，增强可操作性。

根据《效果评估技术导则》，效果评估可以依据更新后的场地概念模型，结合场地水文地质条件和土壤理化性质，充分考虑污染物的化学形态和生物可给性，对污染地块进一步开展精细化风险评估，在重新风险评估后得出残余特征污染物浓度水平整体上处于可接受风险水平时，可不对超标点位开展补充修复。因此，充分认识和理解土壤污染特征及风险管控要求的区域性差异，在效果评估阶段，积极探索运用精细化风险评估方法，对于确保修复地块开发的环境安全和减少土壤修复社会成本十分重要。

10.6　加强科研投入，推进分行业、分技术制定土壤环境管理技术规范

建议依托场地土壤污染成因与治理技术以及国内污染地块修复或风险管控工程的实施，梳理重点行业污染特点以及不同修复或风险管控技术的薄弱点，在国家导则基础上进行针对性的细化，提高效果评估的针对性和有效性，不断健全我国土壤环境管理体系。

参考文献

[1] 呼红霞，丁贞玉，徐怒潮，等. 污染场地风险管控与修复效果评估实践中的挑战和监督管理[J]. 环境保护，2021，49（20）：16-20.

[2] 张丽娜，姜林，贾琳. 污染地块修复效果评估问题的解读与建议[N]. 中国环境报，2020-09-22（30）.

[3] 赵晓峰，宋静，李娟，等. 决策单元-多点增量采样（DUMIS）在镍污染地块基坑清挖效果评估中的应用[J]. 环境科学研究，2021，34（6）：1449-1455.

[4] 李凯华，孟祥帅，庞然，等. 某钢铁厂污染地块土壤修复清挖运输阶段效果评估要点分析[J]. 能源与环境，2023（6）：127-130.

[5] 呼红霞，吕静，刘锋平，等. 环境技术验证在污染土壤修复领域的应用——以原位热脱附-水平井-化学氧化耦合修复技术为例[J]. 环境工程学报，2023，17（1）：207-217.

[6] 呼红霞，丁贞玉，孙宁，等. 省级风险管控与修复名录中污染地块特征初步探析[J]. 环境保护科学，2022，48（1）：5-10.

[7] 刘增俊，许贺峰，樊艳玲，等. 污染地块修复与风险管控后期管理体系初探[J]. 土壤，2023，55（1）：1-10.

[8] 李沐慧. 污染场地土壤修复工程效果评估研究——以北方某味精厂污染场地为例[J]. 环境保护科学，2022，48（5）：141-144.

[9] 徐慧超，呼红霞，等. 省级建设用地土壤污染风险管控和修复名录分析[J]. 环境污染与防治，2023，45（3）.

[10] 徐怒潮，范云，孙宁，等. 2021年土壤环境修复行业市场分析报告[EB/OL].（2022-01-18）[2022-04-28]. https：//mp.weixin.qq.com/s/Az4bldHUdGmMdOkd-Puyg.

[11] 孙宁，刘锋平，丁贞玉，等. 我国污染地块安全开发利用模式与安全性评价方法[J]. 环境工程学报，2022，16（6）：1757-1763.

[12] 陈敏毅，王众山，姚珏君，等. 某农药污染地块土壤异味调查评估、治理修复及效果评估[J]. 环境